U0772861

彩虹糖上的导图课

刘宽成 ◎主编

山西出版传媒集团 北岳文艺出版社

·太原·

图书在版编目（CIP）数据

彩虹糖上的导图课 / 刘宽成主编． -- 太原 ：北岳
文艺出版社，2025. 1. -- ISBN 978-7-5378-6968-3

Ⅰ．B804-49

中国国家版本馆 CIP 数据核字第 20249LT986 号

彩虹糖上的导图课

CAIHONG TANG SHANG DE DAOTU KE

刘宽成 / 主编

//

出品人
郭文礼

选题策划
汪恒江

责任编辑
赵　勤

助理编辑
崔润宇

装帧设计
石媛元

印装监制
郭　勇

出版发行：山西出版传媒集团·北岳文艺出版社

地址：山西省太原市并州南路 57 号　邮编：030012

电话：0351-5628696（发行部）　　0351-5628688（总编室）

经销商：新华书店

印刷装订：山西人民印刷有限责任公司

开本：787mm×1092mm　1/16

字数：172 千

印张：11.25

版次：2025 年 1 月第 1 版

印次：2025 年 1 月山西第 1 次印刷

书号：ISBN 978-7-5378-6968-3

定价：78.00 元

目录

第一章

我们于茫茫人海中相遇

前　言

　　思维导图，是新时代高效率生活必备的基本工具。很庆幸在此和每一位热爱学习的伙伴分享新启航导图这种记录技术。在新启航导图课堂里，大家能够得到很好的思维训练，从而提升你的思维能力。世界首富比尔·盖茨曾说过："人与人之间最大的区别是脖子以上的区别。"一个人成就的大小在于他思维能力的大小，思想的高度决定人生的高度。

　　从某种角度和意义上来说，思维导图的本质就是一种探索性学习方法。

　　学习专家说过，兴趣是学习之母。还有的学者说，思想就像小狗，喜欢你带着它去散步。

　　你想重新发现学习吗？思考一下为什么坐在这里？

　　当你找到答案后，带着你所有的好奇和期待开始课程吧。

　　在探索性的学习中，你自己就是主角，因为学习是非常个性化的东西。重要的是，要意识到你想要什么，你想怎样学习，然后继续发展并不断优化这些学习方式。

　　人们自觉自愿、发自内心、积极主动去做的事就被视为游戏。能把工作和学习当成游戏，关键在于你。

　　探索性学习的设想就是基于人类渴望有所发现、有所探索的这一基本

需求而产生的。学习难道不就是穿越个人知之甚少的知识领域，穿越还有许多东西尚待发现的个人冒险旅行吗？在精神冒险活动中，你也会亲历重重惊喜、揭开种种秘密，而有些秘密你依然难识其庐山真面目。你会作为开拓者而不得不历尽艰辛，会作为先驱者而不得不翻山越岭。但在这个过程中，你却拓展了自己的能力极限并超越了自我。这便是探索性学习的迷人之处！

告诉大家一个小秘密，作为"讲师（教练）"的我们之所以能在这里与读者们、学员们交流思维导图这个学习工具的应用，完全是因为我们曾经对思维导图充满了好奇、兴趣与热情，我们探索，我们收获，所以我们喜悦，我们分享。

那么，你是否已准备好投身于这场扣人心弦的冒险活动中去了呢？

来吧，去冒险！带着你所有的好奇和期待开始课程。

愿这本书能伴随你走过学习道路上的坎坎坷坷，并承载着你一路上的所有美好风景和回忆。

新启航教育讲师团

推荐者序

21 世纪的竞争是人与人之间的思维能力的竞争。思维导图就是你最贴心的思维训练工具。

——新启航教育运营总监　刘宽成

在面对很多零碎的信息时，利用导图可以将自己需要的东西提炼出来，提高自己吸收有用信息的能力。导图可以运用到生活、工作的方方面面。

——国际思维导图认证管理师　谢韵琪

养成用导图的习惯很重要，发散思维有了提升，试着将导图用在生活各方面，一定会有很好的收获，很庆幸能在自己还比较年轻的时候学了思维导图，相信它将会在我未来的生活、工作、学习当中起到很大的作用。

——国际思维导图认证管理师　肖国剑

有句话是这么说的，"思想的高度决定人生的高度"。微软公司的总裁比尔·盖茨之所以能成为世界首富，是因为他的思想站在了高点上。天才们都拥有杰出的思维能力。掌握 21 世纪最强大的思维工具新启航导图

能够帮助我们磨砺思维、高效思考。尤其是帮助我们培养战略家的全局思想，提升预见性能力。只要你热爱它且多去应用，它会发挥无限的作用，并给你的生活带来意想不到的收获，让你的人生更精彩！

——国际思维导图认证管理师　翟萌萌

思维导图起源

一、思维导图的诞生

思维导图因其应用广泛，又被形象地称为"大脑瑞士军刀"。它是一种将我们大脑中抽象的思考过程通过"图文并茂"的发散结构形象化地展现在一张白纸上的笔记方法。它简单却又极其有效，是一种革命性的思维工具。

思维导图运用左右脑的机能，利用记忆、阅读、思维的规律，协助人们在科学与艺术、逻辑与想象之间平衡发展，从而开启人类大脑的无限潜能。从另外一个角度来讲，思维导图也是实现全脑开发非常简单有效的工具。

思维导图的发明者是英国人托尼·博赞教授。博赞先生 1942 年生于英国伦敦，是英国大脑基金会总裁，世界著名心理学家、教育学家。他曾因帮助查尔斯王子提高记忆力而被誉为英国的"记忆力之父"。他又因发明"思维导图"这一简单易学的思维工具而闻名世界，被称为"世界大脑先生"。同时，他还是有"脑力奥运会"之称的世界脑力锦标赛的发起人。他所引领的"大脑革命"正在席卷全球。

他曾经这样说过，在学校，我们花了数千小时学习数学，花了数千小时学习语言和化学，花了数千小时学习科学、地理和历史。但是，我们花了多少小时学习我们的记忆是如何进行的呢？我们花了多少小时学习我们的眼睛

是如何起作用的呢？花了多少小时学习我们的脑子是怎样工作的呢？花了多少小时学习思想的性质及它是如何影响我们身体的呢？

学校应该教什么？在我们看来，最重要的应当是两个"科目"：学会怎样学习和学习怎样思考。这首先意味着学习你的大脑是怎样工作的，你的记忆是怎样工作的，你是怎样储存信息、找回信息、将它与其他概念相连并在你需要时马上查出新知识。

懂得如何思考、如何有效使用你的大脑，你就是胜出者。你首先要了解大脑是什么样的，以便更好地使用大脑。你要做的第一件事情就是弄清大脑的构造，然后是它如何工作、如何记忆、如何集中注意力、如何进行创造性思维。

二、什么是思维导图？

思维导图是从中央的一个图像开始，这个图像可以是粗略地也可以是精确地反映思想、概念、想法、注解、主题、话题等：任何你所要集中讨论的问题。中央图像是你所要关注的重点。

从这个中心图像出发，绘制与中心图像相连的分支并以弧线向外延展，在这些分支上放置关键概念，用关键词或图像标出。这第一层次的分支（或章节标题）被称为基本分类概念（Basic Ordering Ideas，以下简写为BOIS）。

从这些BOIS分支发散出第二层次的分支，这与有机体形态相似（但是是发散的），这些分支要与每个分支相连。

从这些分支分散出第三层次的分支，有机地、自然地拓展思想。每个分支上的词语和图像要遵守一些重要的规则。

什么时候使用思维导图？

你可以在任何情形下使用思维导图，改善学习和思考，帮助你提高成绩。例如，头脑风暴研讨会或演讲稿上列举的要点都可以转变为色彩明亮、容易记忆和高度有序的图形，而且它确实反映了你的大脑和听众大脑的思维方式。这是一种自然的思维方式，因此可以激发协同思维。

现行的信息和知识管理技能（主要是标准的线性笔记法）达不到预期结

果的时候，使用思维导图就具有明显的优势。事实上，做笔记、线性笔记法和列表法会破坏你的创造力和思维，因为它们完全桎梏了你的大脑思维，彻底阻断了你的思维之间的相互联系。更糟的是，你发现自己从中断的地方开始思考，那么就不会有横向思维、创造性思维或发散性思维的出现。思维导图的魅力在于，一个层次的分支向外延展，形成下一层次的分支，这与你的思考过程是吻合的。

思维导图的高效性在于其动态的形式。弧线、符号、字词、颜色和图像从思维导图的中心向外发散，使其本身成为一个完全自然的有机体。思维导图逼真地模仿了脑细胞数量巨大的突触和连结，反映了我们大脑思考的真实情景。思维导图还模仿了自然界的交流体系，如叶子的脉络、树木的枝杈或血液循环系统。

三、思维导图的普及

思维导图是：

（一）以放射性思维为基础的人类思维特性的外在表达；

（二）一种提升记忆力和创造力的图形记录技术；

（三）一种帮助大脑全方位、多角度思考的思维工具。

思维导图是一种将思维形象化的方法。我们知道放射性思考是人类大脑的自然思考方式，每一种进入大脑的资料，不论是感觉、记忆或是想法——包括文字、数字、符码、香气、食物、线条、颜色、意象、节奏、音符等，都可以成为一个思考中心，并由此中心向外发散出成千上万的关节点。每一个关节点代表与中心主题的一个连结，而每一个连结又可以成为另一个中心主题，再向外发散出成千上万的关节点，呈现出放射性立体结构，而这些关节的连结可以视为您的记忆，也就是您的个人数据库。

思维导图运用图文并重的技巧，把各级主题的关系用相互隶属与相关的层级图表现出来，把主题关键词与图像、颜色等建立记忆链接。思维导图充分运用左右脑的机能，利用记忆、阅读、思维的规律，协助人们在科学与艺术、逻辑与想象之间平衡发展，从而开启人类大脑的无限潜能。思维导图因此具

有人类思维的强大功能。

因此思维导图是表达发散性思维的有效的图形思维工具，它简单却又极其有效。

思维导图英文称 mindmap，中文一般翻译为思维导图，脑图、港台地区称为"心智图"。

思维导图一般提倡手绘，这样能充分调动大脑，但是手绘的思维导图也有一定的弊端，比如不能复制。随着互联网时代的发展，出现了很多的软件，软件也带来了很多便利，比如可以复制，可以帮助整理资料等。

思维导图帮助你在大脑存储能力和大脑存储效果之间做一个分别，思维导图会显示出存储能力，也可以帮助你达到存储效果。有效地存储数据会使你的能力翻倍。它就像是摆放整齐和不整齐的五金仓库之间的差别，或者一座有索引系统的图书馆和一座无索引系统的图书馆之间的差别。思维导图是体现大脑思维走向的思维地图，它会使你的思维视野有一种豁然开朗的感觉，与普通的思维方式相比就如从地面上行走时对事物的观察和坐在直升机上对事物观察的角度区别一样，它能直观地把每一个人的思考路线整体体现出来，能够全面整体地把思考的走向呈现在你的眼前。无论是观察自己的思维走向，还是观察别人的思维走向，它都是一种最佳的图形工具。

四、思维导图的运用

前世界首富、微软公司创始人比尔·盖茨曾说，思维导图能够将众多的知识和想法连接起来，并有效地加以分析，从而最大限度地实现创新。思维导图的能量是无穷大的。它几乎可以渗透到你生活的每一个角落。对博赞来说，思维导图最大的好处是可以理清思路，同时他也强调，但这并非思维导图的全部好处，它可以帮你提高记忆力好几倍，并且可以帮你发展创造力。

如今，全世界已有近 3 亿人正在使用思维导图，并且这个数字每天在以惊人的速度增加，其中包括儿童、学生、家庭主妇、教师、工程师、经济学家和知名企业家等。

思维导图被誉为"大脑瑞士军刀"，它能帮助我们高效率地思考和做笔记。它的应用范围是如此之广，以至于涵盖了所有的领域，不论是教育、商务，还是科研、艺术；不论是孩子、家庭主妇，还是企业总裁、科研人员都可以运用这一可操作性极强的思维工具来迅速提升思维能力。思维导图被公认为是 21 世纪最有效的思考训练工具，带动了思维领域的一场革命。

作为个人：计划、项目管理、沟通、组织、分析解决问题等。

作为学习者：记忆、笔记、写报告、写论文、做演讲、考试、思考、集中注意力等。

作为职业人士：计划、沟通、项目管理、组织、会议、培训、谈判、面试、评估、头脑风暴等。

对于学生而言，思维导图的主要作用在于：

· 提高左脑逻辑思维的全面性和系统性。

· 激活右脑形象思维能力。

· 激活大脑"天生的"创新、创造力，成为"智多星"。

· 帮助个人建立可视化的学习笔记。

· 帮助个人预习课文，将考试重点"一图打尽"。

· 调动大脑快速收集，并处理大量零散的知识点。

· 帮助个人提高整体记忆效率，摒弃死记硬背的痛苦。

· 帮助个人裂变素材，实现快速写作。

· 做完美学习规划与总结。

· 成为群策群力的高手，迅速剖析问题，并把握全局。

· 有条不紊地推进学习，成为"学霸级"人物。

所有这些应用可以极大地提高你的效率，增强思考的有效性和准确性，以及提升你的注意力和工作乐趣。运用思维导图带来的学习能力和清晰的思维方式会改善人的诸多行为表现。思维导图的精髓在于能够提高我们自己的思维水平和思考模式，让我们的学习、工作、生活更轻松。

思维导图其实一点也不神秘，它看起来就像一棵挂满果实的花花绿绿的大树。当你在纸上随意涂鸦时，你一定画过类似的图形。任何一点闪光的念

头都能成为思维导图上的要素。那些伟大的思想并不一定像公主一样打扮得整齐而优雅，甚至有时候看起来就像是一个杂乱的线团。正是由于我们不屑于记录那些一闪而过的灵感和思想的萌芽，才让这些智慧的火星和我们擦肩而过。在博赞先生看来，思维导图的威力正是因为潜移默化地调动和运用了右脑被埋没的智能，才得以帮助学习者实现全脑开发，达成学习目标。

第二章

积跬步，至千里
——思维导图技法与心法

第一节　思维导图技法

一、如何阅读一幅导图

（一）思维导图的构成

想要学会画思维导图，最好是先学会如何看懂一幅思维导图，看懂一幅思维导图是学习思维导图的基础。

一张标准的思维导图包含三个重要组成部分：

第一是中心图，顾名思义，位于整张思维导图的中央，大约占整张纸的九分之一，起到点明中心主题的作用，中心图由三种颜色及以上构成，并且以图文并茂的形式呈现；

第二是大纲主干，围绕在中心图周围，与中心图紧密相连，由粗到细的双线条，就像牛角一样，呈放射状延伸，帮助我们进行内容分类；

第三是内容分支，连接在大纲主干后面，所有线条均呈现出弯弯的、细细的单个弧形，用来承接关键词，帮助我们引导视线，呈现关键词之间的逻辑关系。

自我介绍

（二）看懂思维导图的步骤

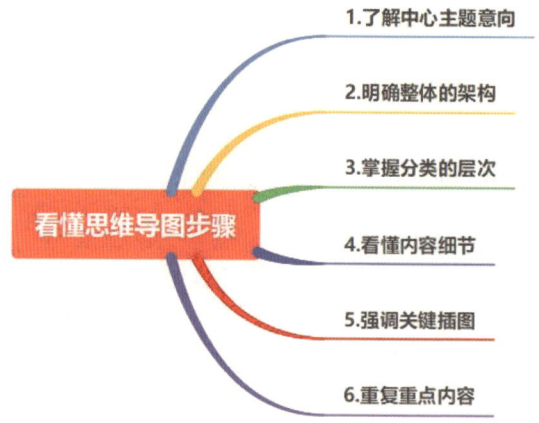

第一步：看到一幅思维导图，先找这整张图中间的位置，有一个最大的图像，位于纸张的九分之一，也是整幅图中最醒目的，颜色一般在三种及以上，这幅图像就是这张思维导图的中心主题。我们能清晰知道这幅图的主题是什么。

第二步：明确整体的架构，从中心图向外发散，由粗到细，这个叫作思维导图的主干。阅读主干信息，一般从整幅图的右上角，顺时针的依次阅读，方便我们更好地了解整幅图的架构。

　　第三步：掌握分类层次，阅读大纲主干后，详细阅读内容分支，也就是二级分支，因为二级分支与大纲主干的关系递进和紧密，是大纲主干的分类、分层的详细说明。

　　第四步：阅读内容细节，这部分涉及三级分支和四级分支，是整张图细枝末节的信息，这些信息常常是最落地、可实践、可操作、需要强化记忆的内容，这部分也是我们实际绘图中最难归纳和总结的部分。

　　第五步：强调关键插图，绘制思维导图时遇到一些抽象的词，或是容易忘记，或是需要强调记忆的内容，可以加入小插图进行提示。

　　第六步：重复重点内容，阅读完整思维导图之后，再次回顾重要信息，重点复习，加深记忆。

（三）思维导图的三种表现形式

思维导图是由文字、图像、线条组成的，你们会发现，有的思维导图全是线条和图像，看不到一个文字；有的思维导图只有线条和文字，一张图也没有，很多人问，那么什么样的导图是好的，其实刚刚所提到的都是思维导图，就要看绘图人的目的在哪里，通过导图想表达什么内容。我们根据导图的风貌，把导图分了三种类型。

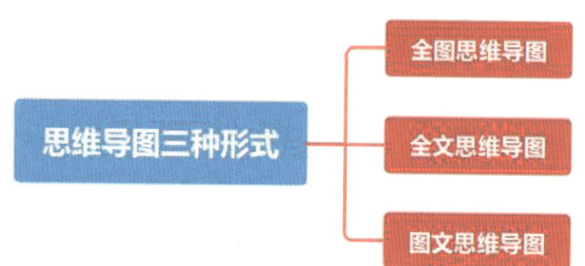

1. 全图思维导图

全图的思维导图，一般全是线条和图像组成的，整幅图中看不到一个文字。但特别地吸人眼球，让人产生兴趣并继续往下看，不像黑白的文字，没有那么有趣，但也有缺点，如果绘制的人不解说，有些地方我们不容易理解。

在生活中，全图的思维导图可适用于做自我介绍、古诗记忆等方面。

自我介绍

神奇的大脑

2. 全文思维导图

全文的思维导图，一般是线条和文字来组成的，整幅图看不到一个图像。但和全图导图比较起来，能更好地、准确地传达信息，不用解说。但不好的地方就是，重难点不突出，和我们传统笔记一样，刺激不了我们的大脑，没有趣味性。

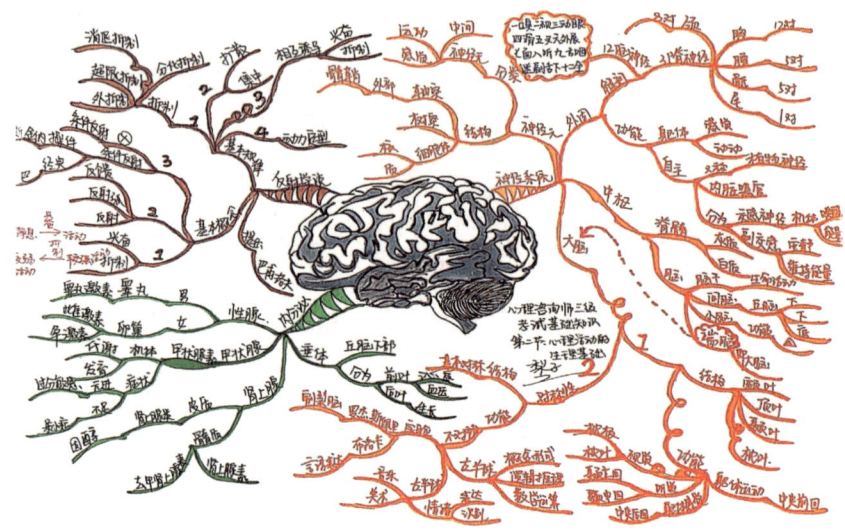

心理活动的生理基础

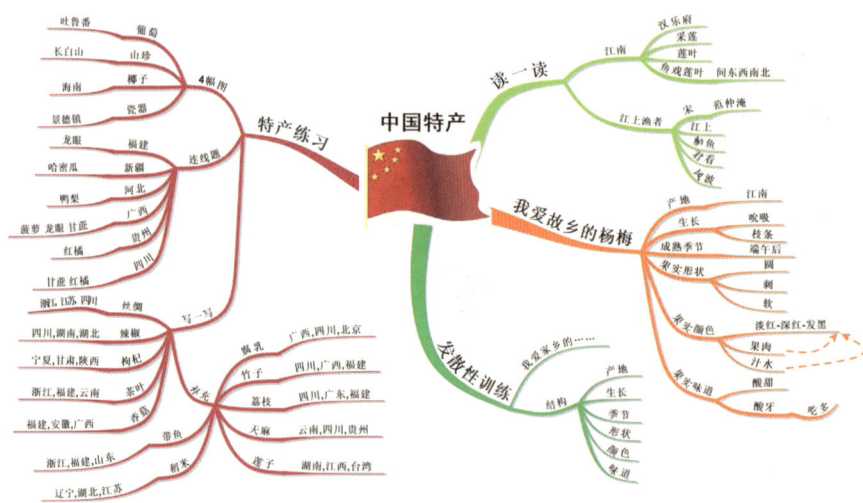

中国特产

3.图文思维导图

图文的思维导图，一般线条、图像和文字在一张图中能体现，能够精准地传达信息，重难点一目了然。可以刺激大脑，让一些抽象的词也能通过图片转化，增强我们的记忆能力。对于初学者建议从图文结合的思维导图开始训练。虽然绘制会花一些时间，但是熟能生巧，会越来越熟练。

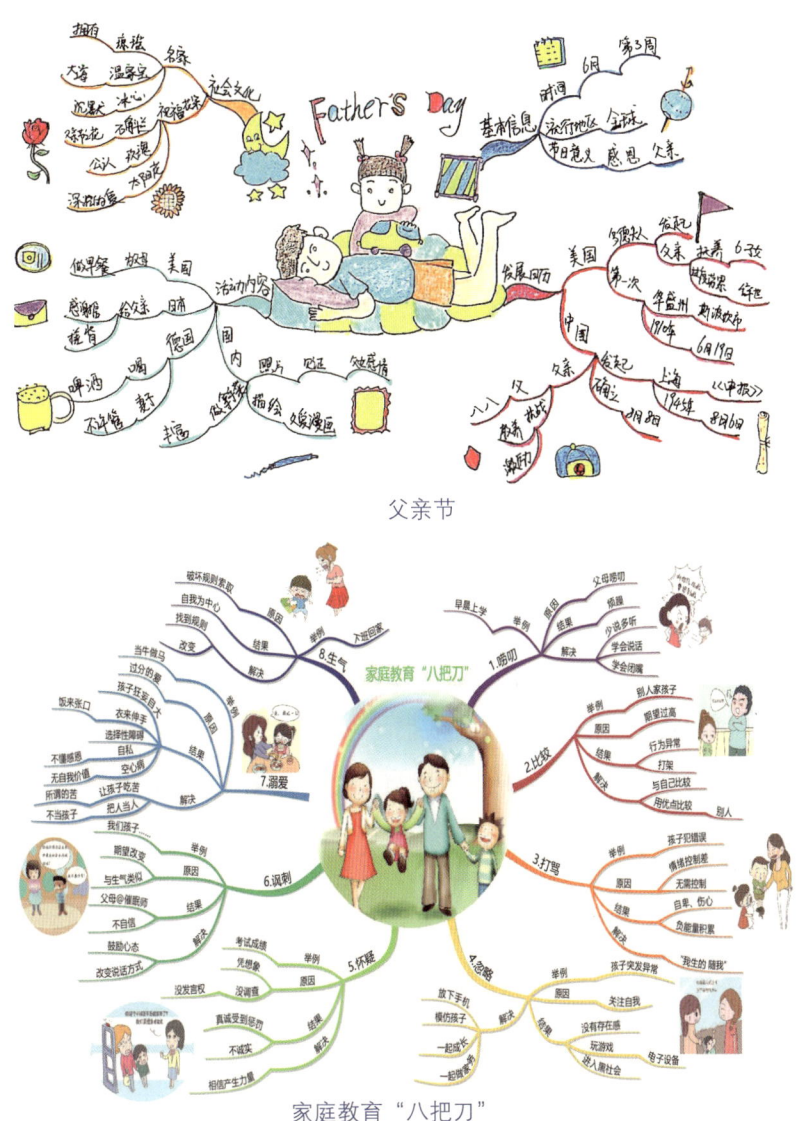

父亲节

家庭教育"八把刀"

二、思维导图绘制规则总览

首先，思维导图作为一种学习的工具，大多数都是为了满足自己，画给自己看的，只要自己能明白所画的是什么意思，达到自己的目的就可以。其次，思维导图不用画得太复杂，只要掌握绘制导图的三种形式、三种结构、三个基本要素，就可以画出一幅完整的思维导图了。接下来，让我们一起来看看吧。

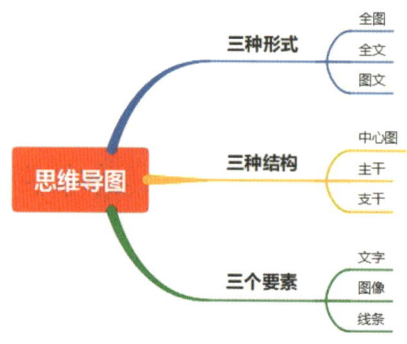

（一）思维导图结构三部分

1. 中心图

中心图是我们表达我们主题的关键，以前的笔记我们会把最大的主题写在笔记本上最顶格的中间，而思维导图则是把主题体现在整张纸的中心，并且以图片的形式体现出来。为了让我们的思维和视觉能更好聚焦，中心图要求不一定画得多专业，尽量用鲜艳的颜色，最好三种以上，有立体感就可以了。

2. 主干

主干其实就是告诉我们围绕的主题是什么、思考的角度有哪些。为了我们大脑的记忆，主干尽量控制在七个以内，方便我们大脑记忆。主干是由粗到细，像牛角一样，下面也有一些创意性的支干，结合我们的分类，让大脑更直观地记住。

手绘主干

3. 支干

支干对应的是具体的内容，横向将文字托起，承载一些关键图和关键字。并列关系，是从主干延伸出来的第一层关系，而递进关系是从第一层延伸出来第二层，并列不超过七条线，递进不超过五条线。注意递进关系线条上凸下凹画法。绘制支干的时候要注意，关键词的精准，有助于记忆。关键词之间的逻辑分类正确，每个主干及其分支尽量使用同一个颜色。

（二）思维导图的三个基本要素

文字，图像和线条是构成思维导图的三个基本要素。

1. 文字

（1）要使用关键词，满足最小基本概念，而不是一整个句子。关键词一般选择名词、动词、形容词，或自我总结的词语。

（2）所有文字写在线条上方，文字需要和线条的长度协调。

（3）字体颜色，整幅思维导图可以采用一种颜色字，使每个分支字的颜色和本分支颜色相同。

（4）小插图和小代码，这些是为了强化我们关键词的记忆，突出关键词要表达的意思。当然除了小插图以外，还有小代码。

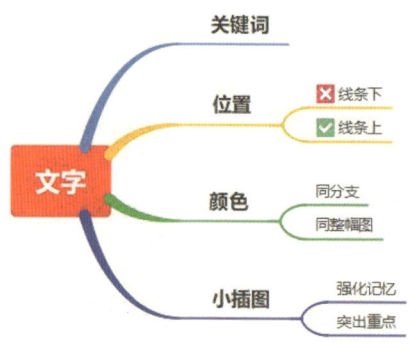

2.图像

画插图，插图的目的是强调重点，加深印象，文图转化需要积累和收集图像。

手绘插图

3.线条

（1）思维导图中的线条是弯曲的，展示的是我们大脑思维的"韵律"和"节拍"，可以用一些波浪线或弧线，不要使用直线。

（2）线和线之间相连，不是断开的，可以保持思维的流畅，不断开。

（3）线条长度和文字协调，线条长度不能大于文字，或者小于文字，这样会影响整体布局。大致一样就可以。

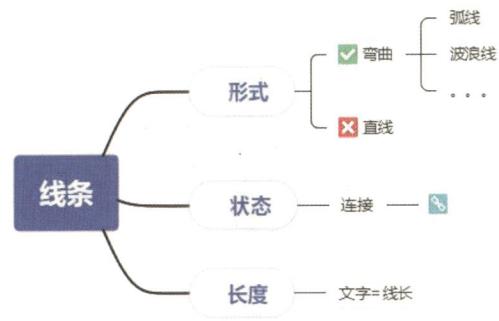

三、照虎画猫——模仿优秀导图

训练：要求跟着老师的训练步骤，动笔完成一幅"思维导图绘制规则"的导图。

（一）确定绘制目的。

（二）绘制思维导图。

（三）检视结果。

（四）优化思维。

第一步：绘制中心图

第二步：绘制主干

第三步：绘制支干

第四步：提取关键词

第五步：插图

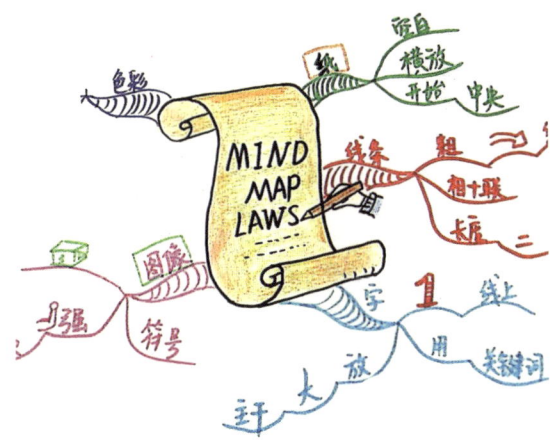

第六步：布局

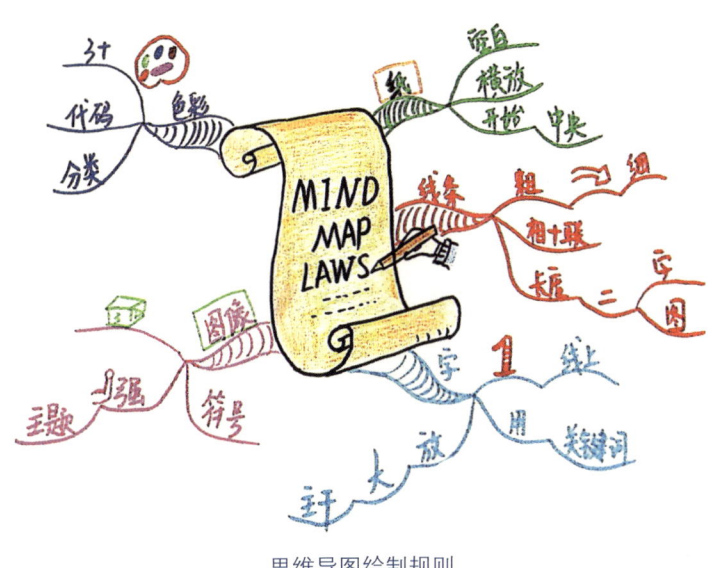

思维导图绘制规则

附：思维导图绘制准备

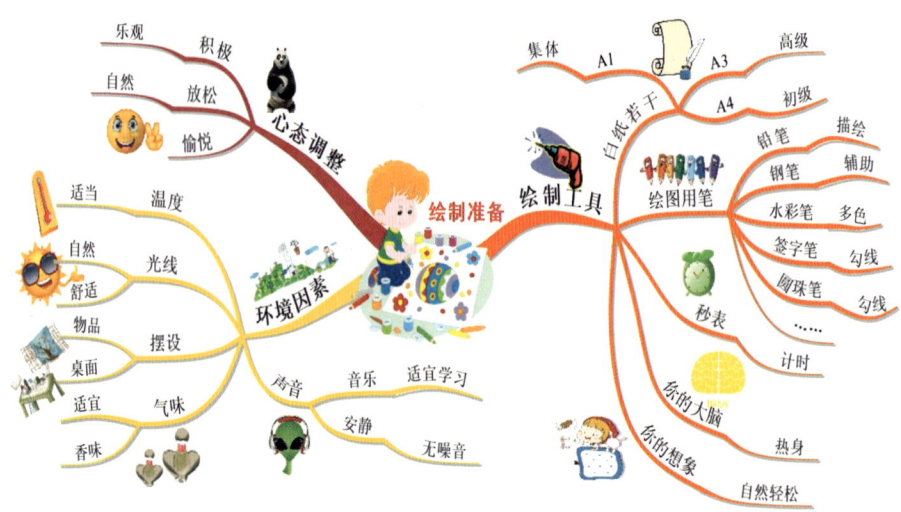

绘制准备

第二节　思维导图心法

一、思维—行为—结果

（一）思维的类型

常听人们说，人的思维类型中有线性思维和非线性思维。那么什么是线性思维，什么又是非线性思维呢？一般来讲，线性思维是一种直线的、单向的、单维的、缺乏变化的思维方式，如逻辑思维；非线性思维则是相互连接的、非平面、立体化、无中心、无边缘的网状结构，类似于人的大脑结构和血管组织，如发散性思维、系统思维。

这两种思维模式虽然存在着巨大的差别，但无优劣之分，它们之间各有利弊。线性思维有助于深入思考，探究事物的本质；非线性思维有助于拓展思路，看到事物的普遍联系。总体而言，非线性思维是为了支持线性思维的深入进行，线性思维是最终目的，而非线性思维是辅助手段。

然而，由于线性思维的简洁性和经济性，人们对线性思维产生了很强的依赖，从而忽视了非线性思维的存在。随着信息时代飞速发展，科技的快速进步，大量的、高难度的信息摄入人脑，信息超载使线性思维不堪重负，而非线性思维正好解决了这个问题，使得大数据与复杂系统的处理变得简单、快捷、高效。

人的思考过程本身是线性与非线性并举的，它们相互依存，相互促进。人类的知识结构本身则以非线性为主。语言和文字是人类几千年文明得以传承的重要载体，然而，遗憾的是语言和文字都是线性的。这样一来，线性的语言和文字在很大程度上成为人类思考的桎梏，在很大程度上束缚了思考的进行，在信息过载时让人脑显得力不从心。因此，我们需要借助非线性思考工具重新放飞我们的思考。

思维导图正是这样一种非线性思维工具，帮助人们在很大程度促进思维的发散，拓宽思维的广度。这也是我们学习思维导图的最终目的。

（二）思维模式

思维模式是指看待事物的角度、方式和方法，它对人们的言行起决定性作用。人与人的本质差别在于思维模式的不同，而思维模式是我们惯有的认知结构，存在于我们大脑中的链接，是我们面对一件事物，通过直觉来进行的判断和反映的结果。你的思维模式决定了你的行为，你的行为决定了你的习惯，你的习惯决定了你的人生层次和人生结果。

心理学家卡罗尔·德韦克在《终身成长》这本书里分享了他关于思维模式的研究成果。他把人的思维分为两种：固定式思维和成长式思维。那什么是固定式思维，什么是成长型思维呢？固定型的思维模式，就是相信人的才能是与生俱来的，是一成不变的；成长性思维则建立在一种截然不同的理念上：人的能力是可以发展的。思维的不同，人的行为和选择也会不同，当然也会导致最后的结果迥然不同。

举个例子：在学习生涯中，很多老师或者家长总是有意无意地传递一

种对女生的刻板印象：女生学不好数理化。如果数理化多次考砸了，存在固定型思维模式的女生，会认为自己学起来吃力是因为天生不擅长数理化，再怎么努力也没用，同时更加相信老师和家长的话。而成长型思维模式的女生，则会想尽办法帮助自己学习，她可能会多做练习题、会调整学习方法、会请教他人、梳理错题，和数理化死磕到底，直到提高成绩为止。

这也印证了那句话：思维决定行为，行为决定结果。

（三）思维能力训练

怎样才能锻炼我们的思维能力，让我们掌握高效思维的方式呢？北京师范大学的赵国庆老师，提出过一个思维训练框架：隐性思维显性化、显性思维工具化、高效思维自动化。这是一个可以进行实际操作的思维训练方式。

1. 隐性思维显性化

从大脑处理信息的三个步骤（输入—加工—输出）来看，隐性思维显性化就是我们将从外界吸收的隐性的、无形的知识通过一定的可视化工具（如思维导图、结构图、表格、笔记……）将我们思考的过程和思考的结果呈现出来，能够帮助思考者进行反思的过程。

2. 显性思维工具化

显性思维工具化指的就是在思维的过程中，用思维工具来引导、矫正我们思维的过程。帮助思考者应用高效思维工具并形成相对稳定的思维模式的过程。

3. 高效思维自动化

高效思维自动化指的是在不断地练习过程中，思考者熟练掌握思维工具以后，在不选择思维工具的情况下也能够无意识地在脑海中使用高效思维方式进行思考并达到自动化效果的过程。

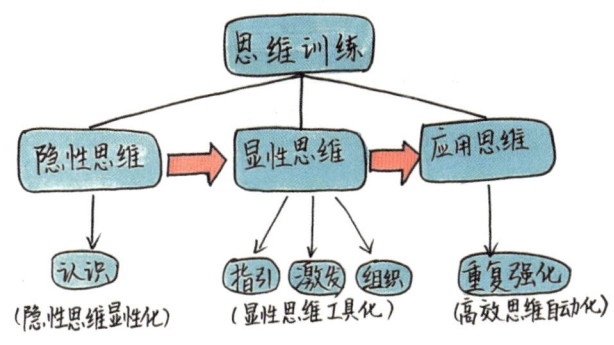

思维训练

　　本章主要的目的在于利用思维导图训练我们思维的能力，并利用思维导图把我们隐性的思维进行显性呈现，帮助我们呈现思考过程，并且帮助激发、整理我们的思维。而我们的思维训练将从两个方面展开：本能思考技术和核心思考技术。

　　本能思考技术名字的来源在于这种思考的方式是本能存在的，不论是成年人还是未成年人都拥有的一种思考方式。对这种思维进行训练，可以让我们在思考的过程中做到思维不卡顿。本能思考技术包含两种，分别是自由联想技术和分类思考技术。在后面的章节当中会给大家去进行详尽的讲解。

　　核心思考技术指的是可以通过科学训练掌握的一种思考技术。核心思考技术包括位阶技术（也叫基本分类概念）和关键词技术。在后面的章节中也会再给大家进行详尽的讲解。

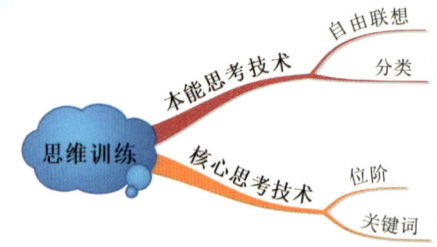

二、联想思考技术

思维导图的阶层结构是由水平思维和垂直思维交叉而成的，我们可以从中心主题或其中一个主干线条来进行水平思维和垂直思维。水平思维的训练方式是联想开花，垂直思维的训练方式就是联想接龙。

这两种训练的结合可以帮助我们更好地思考分析和解决问题，这样就能有条理、有逻辑地捕捉思维脉络，呈现思维的内容。联想开花则有利于我们想出新的想法，为解决难题提供更多的选择，提高学习效率；联想接龙有利于对思维迸发出来的想法进行更深入地思考，提高我们的垂直思维能力。

（一）联想开花

联想开花是对大脑水平思维的训练方式，就是以自己熟悉的某一个事物，或者词语为"中心主题"展开联想，发散的内容可以不受限制地向四周进行发射，就像花朵的花瓣一样，所以叫作"联想开花"。

（二）联想接龙

联想接龙是对大脑垂直思维的训练，这种联想方式就是一种单一路径的思考模式，从第一个词语开始作为思考的第一个内容，并且每个词语只需要跟前面一个有关系即可，就像成语接龙一样，只接末尾的词语，所以叫作"联想接龙"。

◆案例分享

由"试卷"想到了"父母""考试""成绩""老师""睡觉""学校""同学""得分"，当然还会有很多其他的想法。我们还会发现，"得分"和"成绩"所表述的内容是一样的，这是允许的。重复并不代表无效，反而证明了这是重点，因为大脑会经常想到这个点。注意，联想开花是从一个主题出发，进行放射性联想。

◆小贴士

对于同样一个主题，不同的人想法和方式也会不同。在工作和学习中我们经常会做头脑风暴，运用联想开花的方法可以呈现我们尽可能多的想法，图1和图2对"学习"这个主题有更多的思考的角度；当然，通过这样的方式也可以让人迅速产生共鸣，因为在头脑风暴过程中会出现相同或相似的想法，比如"微笑"和"笑容"就比较类似。

图1

图2

◆案例分享

根据"试卷"想到了"纸张",由"纸张"想到了"竹子",由"竹子"想到了"熊猫"……由上一个想法想到下一个。注意,想法只跟上一个有关系。这是一种自由联想,这样便是联想接龙。

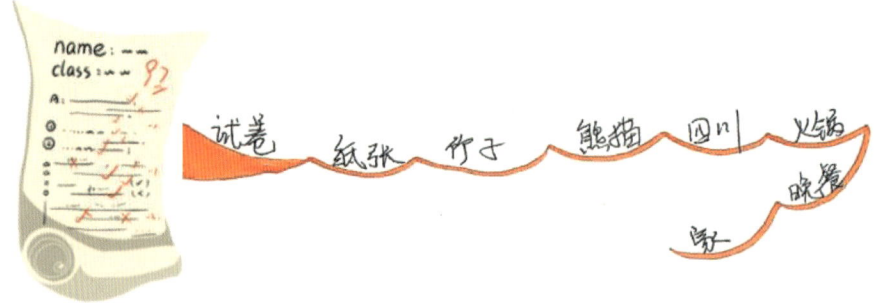

◆小贴士

自由联想是逻辑联想的起点,但对于很多成年人来说,也是一件比较难的事,因为思维有了一定的框架,很多时候想法就更局限了,很容易陷入只能逻辑联想的范畴。

小结

思维的训练需要一个过程,这个过程也需要我们长期的坚持,也是一个非常有挑战和意义的过程。联想开花和联想接龙的思维训练方式可以让我们的大脑思维不断层,冲破大脑局限性,让思维活跃起来。建议可以每天训练一次大脑,尊重大脑,大脑里出现了什么想法就说出来或者写出来,释放大脑活力。如果你平时是一个逻辑性特别强的人,进行这样的思维练习,你会发现更多以前没发觉的新的想法;如果你是一个说话逻辑性不太强的人,更要进行这样的训练,这样会让你的想法和思维结构更清晰。

（三）分类联想

每个人的想法都不同，如何用想法解决问题，就需要整理我们的想法。根据《金字塔原理》这本书所说，如果想快速记住和表达清晰，结构化的思考和表达尤为重要。我们来做个小小的体验：

图1和图2哪张图能快速地数出有多少个苹果？

图 1

图 2

分类在生活中的好处是显而易见的，如同我们的工作桌面，只要按照类别进行归类，自然就会清晰整洁，方便使用。

◆案例分享

当很多想法呈现在眼前时，我们神奇的大脑喜欢去分析，把想法进行归类，让我们的想法更有条理。如下面的桌面，你会按照什么方式分类呢？

| 玩具熊 | 可乐 | 水彩笔 | 连衣裙 | 笔记本电脑 | 西游记 |

| 小汽车 | 爆米花 | 饼干 | 袜子 | 花 |

| 帽子 | 绿萝 | 橙子 | 本子 | 报纸 |

分类的方式有很多种，请把你想到的方式绘制出来。

房间整理

分类参考：将16种物品按照玩具、食物、衣物、学习用品和植物来分类，把物品放在对应的大项后面，让房间更整洁。

房间整理 1

角度和目的不同，分出来的类别也会不同。如果我们目的是整理房间，那按照书房、儿童房、客厅和厨房进行分类会更有效（房间整理 2）。如果目的是整理出自己当下需要和不需要的，那按照上面的分类方式就不太合适了，这个时候采用（房间整理 1）则会更好。所以在进行分类练习的时候，当觉得困难了，就反过来问自己：我想通过这个分类理清什么？我的目的是什么？

房间整理 2

小结

分类思考技术是思维训练的本能技术之一。思维导图让这个技术可视化，让我们可以看到不同人的分类方式。虽然不同的人分类方式不同，世界上也没有标准的唯一答案，但是我们可以通过学习不同人的分类方式，了解每个人不同的思维模式。

三、核心思考技术

在我们生活中，思维导图中有一种特别的思维方式——位阶技术 BOIS。

◆什么是 BOIS？

它是思维导图发明人东尼·博赞先生提出的，全称为 Basic Ordering Ideas，中文意思是分类阶层化。

◆什么是分类阶层化?

简单地说，就是把复杂广泛的信息按照类别、结构、层次的逻辑层层梳理，让整体信息的内在逻辑和推理顺序一目了然。

房间整理 3

　　我们可以这么来思考，每个主题概念里面可以进行不同类型的分类，例如"食物"这个词，它可以分出很多其他的类别，其中一种是"水果"。"水果"又派生出一个很大的范围，其中一种是"瓜果类"。"瓜果类"又分出很多类型，包括西瓜，而西瓜又有很多不同的品种。从这个角度看来，"食物"比"西瓜"这个词厉害得多，因为它包括了许多信息。"食物"是最初的一组分类项。

　　但是初级分类并不是最大的一个类别，这个层次结构还可以向上扩展到更高的分类级别。如可以用"物品"这个词，它把"食物"包括在它的分类里。这些能量很大的词汇就可以分出很多的下一级，进行这样的"位阶"技术练习，可以让我们大脑的思维层次更清晰、更明了。

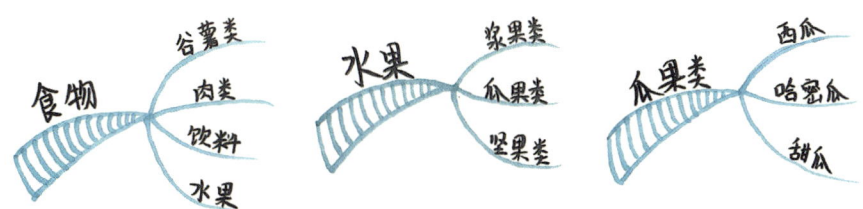

食物分类

第三章

一窍通，百窍通

——思维导图图像力

第一节　图像四层次

在思维导图中有文字、线条、图像这三要素，本章节主要对三要素中的图像进行讲解。博赞先生说过，思维导图中，使用图像的目的是强调重点，若是使用彩色、立体图像效果更好。同样的概念可以有四个层次的不同图像表现方式：单色线图、彩色图像、立体图像、创意图像。

单色线图指的是用单色笔勾勒出来的，没有上色的图像。侧重于外形特征的表达，简洁、易上手，绘制速度快。一般用于需要快速记录的内容，比如课堂笔记、会议记录等。

彩色图像指的是根据配色法则，采用三种以上颜色进行绘制的图像。其优点在于色彩明亮动人，彩色图像给人以愉悦的感受。一般在需要进行导图作品呈现的时候进行绘制。

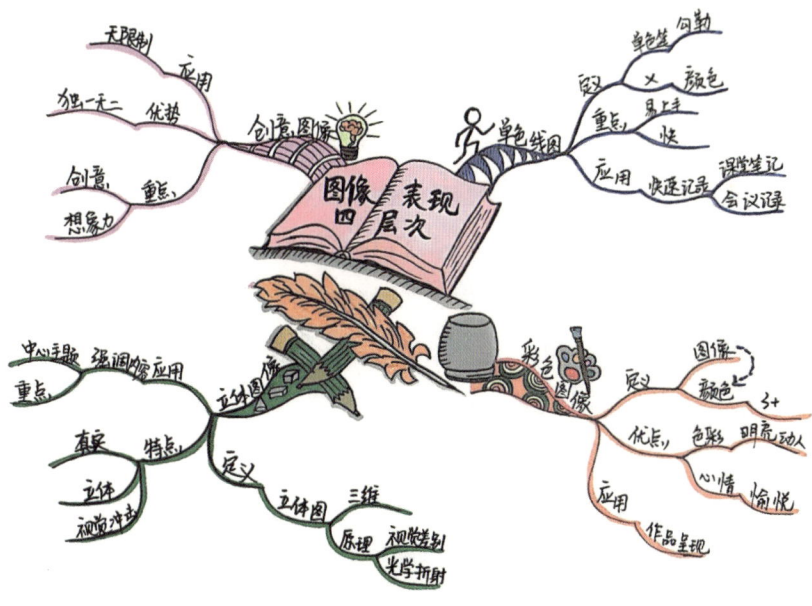

图像表现四个层次

立体图像通俗地讲就是利用人们两眼视觉差别和光学折射原理在一个平面内使人们可直接看到一幅三维立体图，画中事物既可以凸出于画面之外，也可以深藏其中，看起来活灵活现，栩栩如生，给人们以很强的视觉冲击力。一般需要强调的内容采用立体图像进行绘制，比如中心主题以及重点内容。

而创意图像是导图图像的进阶绘制方式，通过自己的想象力去绘制属于自己独一无二的创意图像。在导图绘制的任何时候都可以加入自己的想法，实际使用时没有限制。

第二节　图像基本功

图像在思维导图中扮演着重要的角色，它能够帮助我们明确重难点，也能够使我们的大脑更加清晰以及愉悦。但是很多初学者在学习绘制思维导图的时候往往表现出畏难的心理，甚至有人说，思维导图不是有一种类型叫作全文思维导图吗？我画不好图像，我可不可以只画全文思维导图？其实图像的绘制并没有这么难，这一章将会教会同学们如何用一些简单的图形绘制让人惊艳的图像，帮助你树立信心。有了信心同学们才敢画，只有敢画才能够不断进阶。到那时候抽象概念、创意图像对同学们来说都将不是难事，让我们一起来探索图像的奥秘吧！想要绘制好图像，这里有四个秘诀：观察；寻找基础形状；修饰细节；创意灵感。

一、观察力——会看、会思

这个秘诀的锻炼不需要大家注重细节，只需要从大处着眼，只需要大致确定图像的轮廓形状即可。在练习的过程中需要按照以下步骤来进行：

步骤一：眯起双眼。

步骤二：将自己的视线放在你需要绘制的图像上，确定它的大致外轮廓，不需要注重内部细节。

步骤三：记住刚刚你所看到的轮廓线。

那现在给到大家几张图片进行练习，确定你所看到的大致外形。

在观看的过程中，注意忽略图像中的细节部分，只看其大致轮廓即可。不要让其中的细节干扰到你对形状的判断，很多同学在绘制图像的时候觉得很难，就是因为太过于在意图像细节。

二、基础形——图像解码

在仔细观察以后，接下来教给大家第二种秘诀——寻找图像中的基础形状，比如三角形、方形、圆形，并尝试进行基础形的组合绘制。以松树为例：松树可以拆分为三角形和长方形。然后在绘制的时候将观察到的图形进行组合绘制即可，如下图：

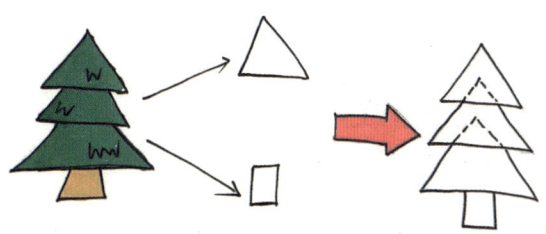

那大家思考一下西瓜是什么样的基础图形呢？山峰呢？电视机呢？把你想到的基础图形以组合的形式尝试绘制在草稿纸上，注意只画轮廓，不需要填充细节。西瓜的基础形是圆形，切好的西瓜基础形是三角形，山峰的基础形也是三角形，电视机的基础形是方形。进行基础图形拆解以后，其实你会发现现实生活中的很多物品的基础形都是圆形、三角形、方形。我们生活中常见的基础形为圆形的有：饼干、生日蛋糕、气球、灯泡、苹果、硬币……常见的基础形为三角形的有：切开的生日蛋糕、三明治、小彩旗、高脚酒杯、帐篷、松树……

常见的基础形为方形的有：窗户、冰箱、砖头、房子、手机、电脑、电视、地砖……只要你仔细观察，就能够把复杂的图像解码成这种我们能够轻松绘制的基础图形。

那么只是基础图形的组合就能够达到我们导图图像的要求吗？答案是不能。那么接下来我们看看第三个秘诀是什么。

三、基础形的修饰——细节补充

在掌握秘诀一和秘诀二以后，我们图像的大致轮廓已经完成，那接下来需要运用秘诀三来修饰我们的基础形，以便画出我们需要的图像。

以一座房子为例：

步骤一：首先我们按照秘诀一、秘诀二来进行观察这所房子的外在轮廓，大致确定其外形为三角形和方形，那么我们可以按照图例所示进行基础形组合绘制：

步骤二：在基础形绘制完成以后，我们根据轮廓去按照其他细节部分的

基础形进行细节修饰以及勾勒边缘部分。再添加部分细节，比如烟囱、植物、窗户、门……

步骤三：擦除铅笔痕迹，上色。大功告成！

这个是房子的绘制方式，大家可以试试热带鱼、酒杯、电视机等常见物品的绘制，也是按照上面的步骤来哟！

四、创意图像——加入你的想象力

前面三个秘诀可以让你的图像画得形象，而最后这个秘诀需要开动你的大脑，让你的图像加入你大脑的想象力，这样你创造的图像就会有属于你自己的风格，最终呈现的是属于你自己的独一无二的全新的图像。那我们就以前面提到的热带鱼为例，看看如果加入自己的想象力，会创造出什么样独一无二的作品呢？

不知道大家还记不记得我们前面讲过的两大联想方式中的联想开花呢？想要加入我们的想象力就要以热带鱼图像为中心主题进行联想开花。想到热带鱼你可以想到什么呢？比如水族箱？水草？气泡？石头？我们可以像下图一样先进行。

联想完了以后，需要我们的想象力把我们想到的内容加到热带鱼图像中去，思考一下都加在哪一个部位，这样的图像是不是更加好看、更加吸引你的眼球了呢？

接下来将大脑中的图像大胆地画下来，在画的过程中同样可以用到我们的基础形。比如水族箱的基础形是长方体，气泡的基础形是圆形，这样的绘制方式有没有觉得很简单呢？相信同学们以后都有了提笔画画的勇气。那接下来请大家拿起你的笔，尝试一下绘制属于你自己的创意热带鱼图像吧！当然其他的创意图像也是可以的。

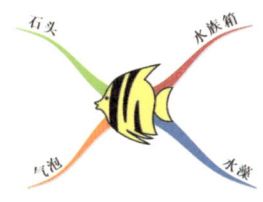

第三节　图像分支设计

一、吸引眼球——中心主题设计

中心主题是一张思维导图的题目，也是整张思维导图中心面积最大、最重要的图形，能画出一个有创意、好玩、自己喜欢的中心主题，影响着这张思维导图所带给你的心情感受，更加影响着思维的开阔性。每位同学都将面临第一个挑战就是绘制中心主题，我将协助大家进行中心主题的自我挑战。经过适当的练习，大家一定能跨过这一关。

下面这个范例你可以看出中心主题的差异，就算是很简单的中心图，在感受上也能够产生全然不同的感觉。

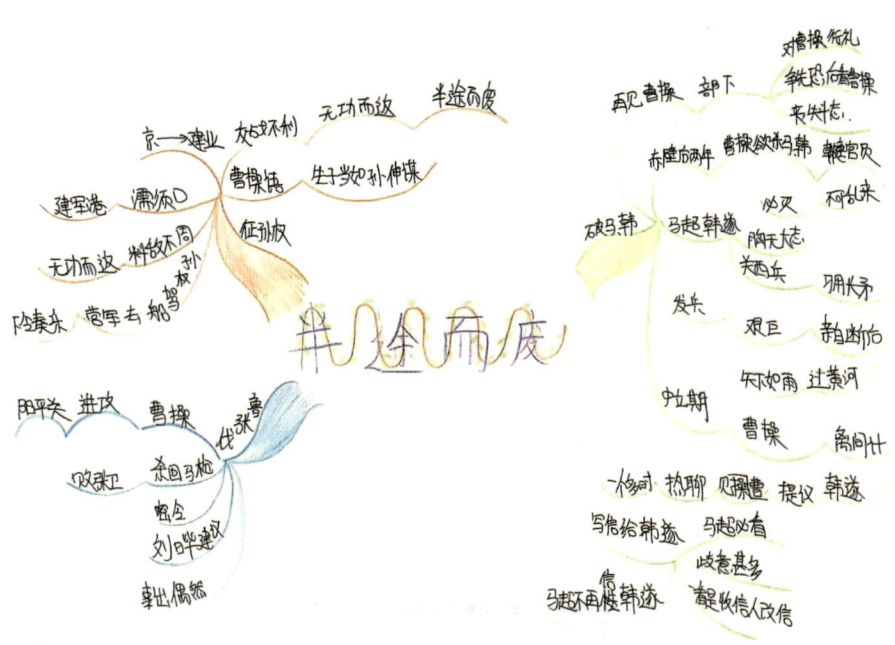

半途而废

观刈麦

◆突破中心主题三模式

一张思维导图是从中心开始，很多思维导图初学者在绘制思维导图的时候常常卡在中心主题这件事情上，他们想不出该如何去画，或者花大量时间在中心主题上。事实上，思维导图最好用的功能之一就是能刺激你的大脑思考，别让中心图卡住你的思路。一张思维导图是由图像与内容两种元素组成，这边就突破中心主题困境，提出三个模式来帮助你。

模式一：清晰资讯 + 明确画像

你有清晰的资讯概念，例如阅读笔记、听课笔记，同时你要知道画什么主题，这时你可以按照思维导图基本三步骤：

步骤 1：先用基础图形快速完成中心主题。

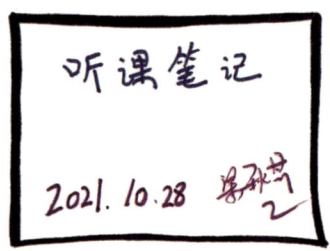

步骤 2：立即构建出主干。

步骤 3：将中心主题细致化。

模式二：清晰资讯 + 模糊图像

假如有清楚的资讯概念，但想不到什么中心主题时，不妨先设计几款通用的中心主题，并设定其使用的范围，需要时就可以直接使用通用中心主题。以下提供几款通用中心主题供大家参考：

步骤 1：使用通用中心主题，写上思维导图主题，这样就可以快速突破中心主题的困境。

步骤 2：进入重点资料的建立。

模式三：模糊资讯＋模糊图像

没有清楚的知识点概念。例如创意企划，因此你无法预知能获得什么有创意的想法，也不知道绘制什么样的中心主题，所以必须认真构思中心主题。当你构思中心主题时，便同时刺激大脑产生联想，很多很棒的灵感就会产生。

◆ 中心主题规则

思维导图的中心主题必须是思维导图里最大的图，并且是彩色的图，而彩色就是指三个颜色及以上的色彩，黑、白、灰基本属于无色彩，不列入计算。但常有学员会问，太极的图案就只有黑白，可以吗？事实上，规则并不是死的，而是为了大家更快地达到目的，所以我们要了解这些规定的意义。

例如：为何中心主题要是彩色的？中心主题为何是最大的图？是因为中心主题能够快速地引起大脑的注意。如果依据这些目的，我们提供给各位这几点基本原则：

1. 加上黑框视觉性更强。

2. 强调立体化会更抢眼。

3. 加入动感会更吸引人。

4. 善用符号会更好。

二、绘声绘色——分支设计

思维导图的线条分为主干与支干两种，主干就是从中心主题放射出来的线条，基本形状都是由粗到细的。连接在主干后面的线条都称为支干，形状都是细细的线，一张思维导图就是由这两种线条组成，简单的线可以形成干净的思维导图，而有创意的主干能够让一张思维导图增色不少，这个部分我们主要介绍各式各样的主干分支提供给各位同学学习使用。

主干基础设计

主干符号设计举例	说明
	齿轮：可以用于工程、制造、生产等

	玫瑰花：表示浪漫、爱等
	植物：用于生命、活动、成长等方面
	爱心：可表示爱情、爱心、热情、喜欢等
	金钱、财务、费用、支出、收入、费用等
	星星：魔幻、神奇、星系、幻想等
	旋涡：适用于想象、内在认知、天马行空等
	涂鸦：童心、创意、想象力、轻松愉快的感觉
	几何图形、线条：适用于创意、想象、天马行空的主题

主干进阶设计

主干基础设计，是维持思维导图的主干由粗而细的形态，符号都是设计在主干内部，而主干进阶设计虽然还留着由粗到细的模式，但不局限于原来的形态，进一步发挥创意，将主干做形态上的大胆突破，例如变成火焰、植物、手、火箭等各种特殊造型，让主干更加有创意。唯一的原则是，主干的造型必须与主干知识点有密切的相关性。

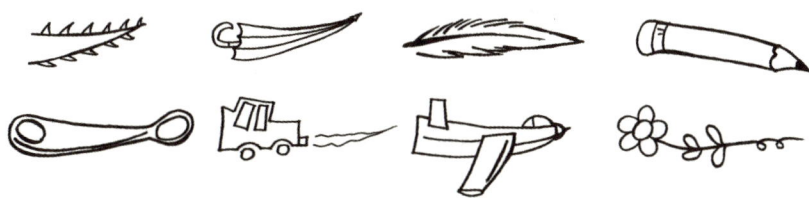

三、点睛之笔——插图

重点插图是思维导图中第二类的图像，尺寸要比中心图小，重点插图的任务就是强调知识点，要画出好的重点插图方式有几个思维与技巧，接着就给同学们分享这几个观点。一个好的重点插图，有着强化记忆、标注重点、引人注意等重要价值。

重点插图可以怎么画？

重点插图所放置的空间几乎都不大，因此小尺寸有其必要性，另外可以进一步讨论的就是重点插图放的位置，一般无非就是在主干分支知识点的周围，也就是说在上面、左边、右边都可以，进阶的方式则是让插图与文字结合，以下提出几个绘制方式：

练习：线稿

用线稿来呈现，也就是只有轮廓不上色，唯一需要注意的就是色彩应该使用与支干不同的颜色，例如线条是蓝色，重点插图应该使用蓝色以外的颜色。

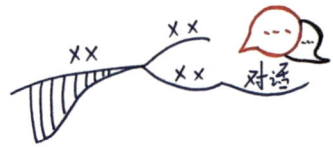

练习：上色

涂上颜色，有了色彩重点插图会更加引起大脑的注意，同时因为需要涂上色彩，你会思考该如何配色。这样的过程自然强化了记忆，起到重点插图强调重点知识点的作用。

练习：图与文字、线条结合

最后一种则是将图与文字结合起来，也就是文字图像化。与线条结合也是一种进化技巧，这两种表现更具创造性，使用时可以在色彩上变化，将图与文字相结合为一体。

重点插图有哪些类型？

基本上，重点插图没有特别的样貌或种类，而就使用上来说，重点插图可以分为两类，第一种就是将生活常用的符号直接使用，如箭头、电话、感叹等，使用简单的符号就是很棒的重点插图。我们可以善用平常表情符号里的图，如笑脸、对号、爱心等，这样的图像简单易懂不妨多多使用。另一种就是将我们思考的概念画成图，例如：手机、电脑、汽车、房子等。接下来给到同学们以做参考：

第四节　图像文字

一、图文并茂

在开始之前，请你回想下，当你看故事书或绘本书时，是先被文字吸引还是被图案吸引呢？我想大多数的人都会异口同声地回答：当然是图案啊，因为图案很有趣、色彩丰富。文字可以很精准地表达信息，但图案确实比较容易吸引人的目光，也比文字更容易被注意到。

所以这个章节即将介绍几个将文字与图像用有趣及有创意的方式结合起来的进阶技巧，这将更有助于思维导图上的信息传递和记忆。

当你用文字写下"太阳"，大家都能完全了解你所表达的是高挂在天空的太阳。

当你画出"太阳"的图案，大家可能会看到不一样的意义。

我看到一个太阳，
我看到天气很热，
我看到现在是晴天，
……

文字与图像各有优势，一张很棒的思维导图是文字与图案的巧妙结合。

二、创意图形文字

运用独特的创意直接将文字变成图像，这个技巧在英文上比较常见，也可以运用在中文上，因为中英文结构组合不同，在想法上会产生全然不同的思考角度。

三、英文创意图形文字

英文是由一个一个字母组成，每个字母看起来就像一个一个的点，每个点都可以结合相关的图案或依照字母的形状做成图案设计。我们可以结合联想开花的思考来激发创意。

我们现在用"LOVE"这个单词来练习一下。基本思考步骤如下：

（一）用联想开花来激发创意。

想到"LOVE"，你会想到爱心、（　　　）、（　　　）。

（二）从 LOVE 的每个字母来进行图案构想。

可以将中间的字母"O"变成"♡"。

（三）英文字母可以做些位移的变化设计。

（四）进行色彩及其他细节设计。

四、中文创意图形文字

中文与英文是不同形态的文字，中文比较像一个个的图案，每个字看起来都像个方块，记得我们练习写字的写字簿吗？每一页都由一行一行的方格组成，所以在创意文字设计上，结合中文字的部首、笔画、字形来进行。我们可以结合联想开花的思考方式来激发创意。

我们来练习"山"这个字，基本思考步骤如下：

（一）用联想开花来激发创意。

想到"山"，你会想到山川、（　　　）、（　　　）。

（二）从"山"这个字的形态来进行图案构想。

（三）进一步设计修整图形。

（四）进行色彩及其他细节设计。

另外，中文的象形文字本身就是一幅图画的概念，所以要将象形文字转化成图案就更容易了，即使我们不知道原始的象形文字长相，也可以很容易运用以上的方法把它转化成创意图像，例如以下这些：

像这样把文字转化成图像非常引人注意，而且好玩又好记。如果你还没有尝试过这个技巧，现在就赶紧使用起来吧！

第四章

站在巨人之肩

——思维导图应用

第一节　给别人的思维画地图

一、关键词技术

关键词像一棵树上结的累累硕果，像旅行道路上的一个个坐标，有了它们的指引我们才不会迷失方向。所以我们在选取关键词的时候多以名词、动词为主，形容词、副词为辅，因为名词、动词更容易让人产生联想，出现图像更容易让人记住。

理解关键词或关键图在绘制思维导图时的重要性，是培养创造性思维和创造性问题解决能力的基础，它也是思维导图的基础。作为思维训练的核心技术，提取关键词也是抓重点的能力，关键词与关键词之间存在的内部逻辑关系也体现了思维训练的本质。正所谓"思维上出力，行动上省力"，绘制思维导图就是训练思维的过程，抓取重点，理清逻辑关系，进而提升思维能力。

从关系而言，关键词之间有三种关系，第一种是推导关系，第二种是并列关系，第三种是混合关系。关键词之间的关系决定了在创建思维导图过程中分支的布局结构。

（一）推导关系

一般是层层递进、环环相扣的分支布局。

◆案例分享

我正在看动画片。

（二）并列关系

一般是发散性结构，像绽放的花朵、伸开的手掌一样。

◆案例分享

出门时记得带上手机、钥匙和钱包。

（三）混合关系

一般是参天大树，可以将关键词进行准确分类。

◆案例分享

温暖是一件冬天的棉袄，温暖是一杯热腾腾的奶茶，温暖是一泓甘甜的清泉。

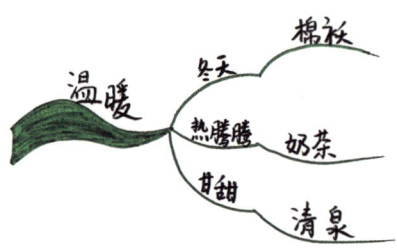

从目的而言，关键词分为记忆性关键词和创意性关键词。

（一）记忆性关键词

记忆性关键词，这里的"关键"一词不仅仅指"重要"，它放在"词"和"图像"之前，还表明这是一个"记忆的关键"。记忆性关键词如同一只漏斗，装入了一系列范围广泛的特殊图像。一旦触发，这些图像就会从其中大量涌出。它们往往是一些形象鲜明的名词或者动感强烈的动词，有时候也可能是关键的形容词或副词。

◆案例分享

漓江的水，真静啊，静得让你感觉不到它在流动；漓江的水真清啊，清得可以看见江底的砂石；漓江的水真绿啊，绿得仿佛是一块无瑕的翡翠。

关键词：静、不流动、清、江底砂石、绿、无瑕翡翠

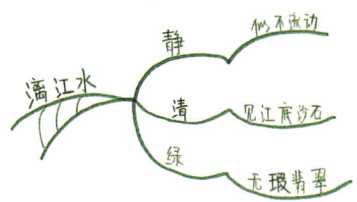

（二）创意性关键词

创意性关键词是指那些具有焕发性、易于触发想象并形成图像的词语，与有指示作用的记忆性关键词相比，它们的含义更笼统。如"荒诞""溢出"这样的词很具有焕发性，却不一定能产生具体的图像。我们的大脑不是以线性和单一的方式思考的，而是以关键词或关键图为出发点，朝着多个方向同时思考的，这也是我们所说的发散性思维。

◆案例分享

主题：如果给到你一个主题，公司的员工经常迟到，你会有哪些应对的办法？

关键词：绩效、扣工资、写检讨、保证、罚扫地、厕所、全勤

迟到应对办法

二、进阶技巧

在做笔记时，常常会遇到同一个关键词出现在不同的支干上，或者是关键词之间有相互的联系，这时我们可以用以下的技巧来凸显这个重点在这张

思维导图中的关联性。

（一）内在联系——连线

连线是最常使用的技巧之一，直接将相同或相关的两个概念用线连接起来。连接线中间可视需要插入文字说明，说明连接线两头的相关性。下图中应用到的连线可以做到很直观地解释看、听之间的联系。听、思之间的联系，都用连线连接起来了。

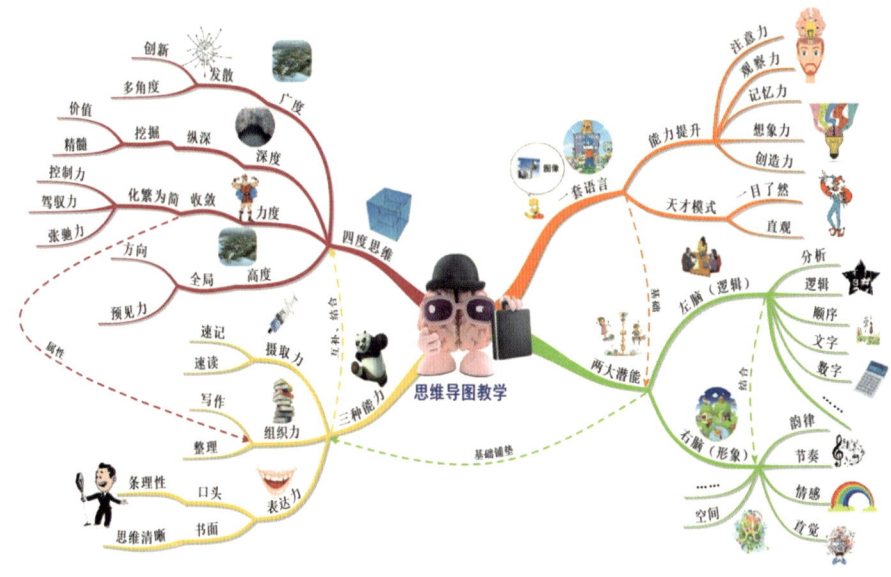

思维导图教学核心

（二）重点突出

1. 插图

插图的目的是强调重点、加深印象，不只是为了好看，在你觉得重要的地方加入一些插图，或者直接把关键词变成插图，绘制在线条上。图像的记忆功能是非常强大的。相比于文字，大脑更愿意在图像上多停留一会，但是要注意不要为了画图而画图，图片并不是越多越好，并且图形和颜色不要过于复杂，同样的概念最好使用相同或者类似的插图，这样做可以让看这张思维导图的人很快关联思维导图总图与迷你思维导图的相同信息。如下图所示的插图，可以在大脑里产生强烈的画面感。

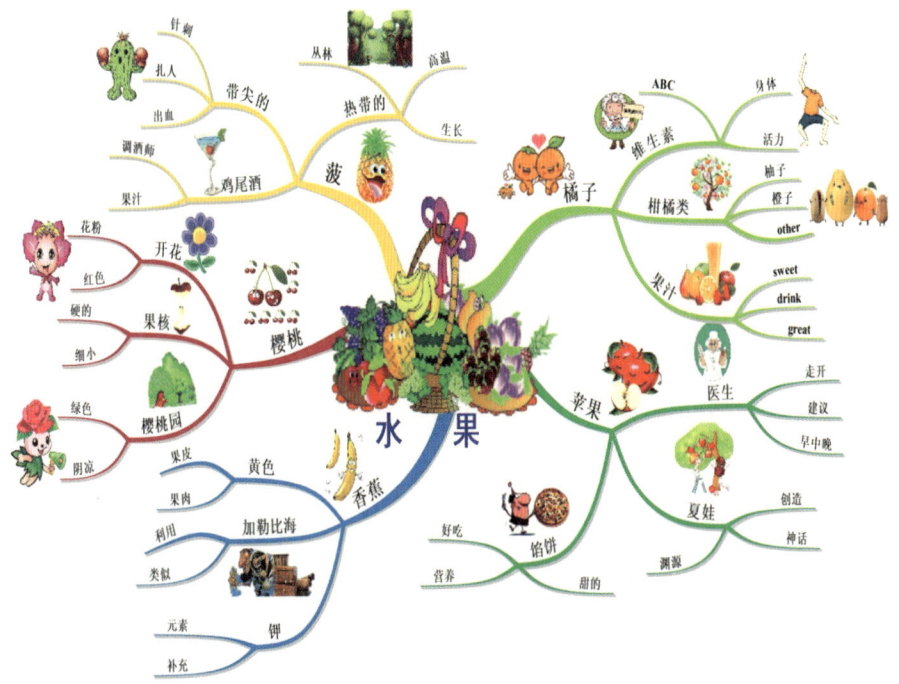

"水果"主题思维导图

2.浅色块

色块是最方便的技巧，很适合用在相隔较远的两个关键词或是位置上不适合拉连接线的地方。用不同的色块来代表信息之间的关系，也是简单又有效的技巧，例如"海积地形"思维导图笔记中，两个橙色的色块"钩状"与"陆地"让我们联想到："钩状弧形开口向陆地"与两个绿色色块"反钩状"和"外海"告诉我们的重点是："反钩状弧形开口向外海"。

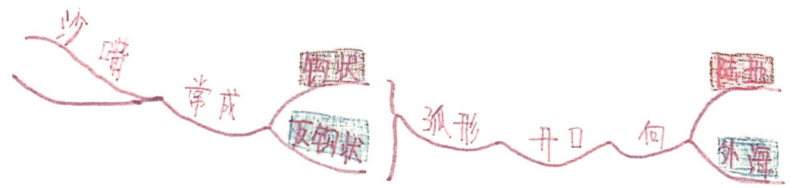

（三）长串文字处理——广告牌

关键词是思维导图的一个重要技巧，越精简的关键词，看的速度越快，也越容易产生关联。然而，我们在做笔记思维导图时，常会遇到一些不适合拆解的关键词，例如：专有名词、成语或是名言佳句等。这些长串的字一旦被硬拆开，会变成语义不连接或怪怪的感觉；但是，这些长串的字不拆解会降低信息吸收的速度，也容易增加吸收信息的负担。这时，我们可以善用文字与图像结合的技巧，来处理这个两难的问题。基本的概念是将文字变成图像的一部分，如此一来，我们的大脑也会将它视为一个图案，轻松地放入记忆数据库中，这个称为广告牌的小技巧，这个技巧使用的广告牌样式并不是唯一的，主要的目的是让单调的文字信息转化为图形，所以像是布条、彩带、旗标、相框等等都是特别好的广告牌。这样的技巧非常简单好用，还能快速地将被框起来的文字变成一个具有图像感觉的中心主题，大脑在吸收信息时就会产生完全不同的感觉。可以试着加入各种创意来装饰这块广告牌，比方说在广告牌四周加入霓虹灯泡或者在广告牌上加入木纹质感，甚至在广告牌外面加上彩虹、云、太阳等等，这些简单的点子都有小兵立大功的效果。

以下的广告牌样式可以给到大家参考

三、笔记升级

（一）九大科目实战应用

1. 思维导图在语文中的应用

示例一：《少年闰土》（展示内容为第一段）

深蓝的天空中挂着一轮金黄的圆月，下面是海边的沙地，都种着一望无际的碧绿的西瓜。其间有一个十一二岁的少年，项带银圈，手捏一柄钢叉，向一匹猹尽力地刺去。那猹却将身一扭，反从他的胯下逃走了。

【思维导图分析要点】

（1）对段落整体分析——把握全局

（2）抓住段落的关键词汇

例如本段关键词语：圆月、沙地、西瓜、少年、银圈、钢叉、猹、逃走。（关键词因人而异，一般选择动词、名词以及印象深刻的词语）

（3）动手操作

①确立中心（中心图）—— 一般就是课文的题目，也可以自行总结提炼。例如本文就以课文题目《少年闰土》为中心图。

②分支扩散——分支也就是对文章整体的理解表达，根据对文章的理解方式不同分支的类型也多种多样。

③内容填充——一般填写关键词

④插图——插图是为了帮助自己以及读者更加清晰地理解和记忆。

通过以上的步骤就可以开始动手啦！本文例图如下：

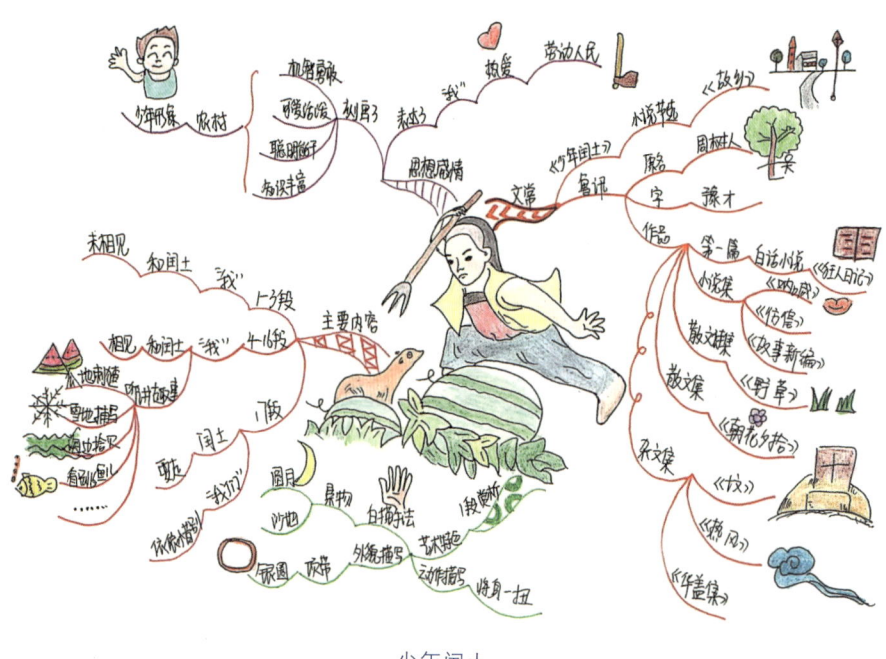

少年闰土

示例二：

月光曲

皮鞋匠静静地听着。他好像面对着大海，月亮正从水天相接的地方升起来。微波粼粼的海面上，霎时间洒遍了银光。月亮越升越高，穿过一缕一缕轻纱似的微云。忽然，海面上刮起了大风，卷起了巨浪。被月光照得雪亮的浪花，一个连一个朝着岸边涌过来……皮鞋匠看看妹妹，月光正照在她那恬静的脸上，照着她睁得大大的眼睛。她仿佛也看到了，看到了她从来没有看到过的景象，月光照耀下的波涛汹涌的大海。

【思维导图分析要点】

（1）对段落整体分析——把握全局

（2）抓住段落的关键词汇

例如本段关键词语：大海、月亮、越升越高、微云、浪花、皮鞋匠、脸、眼睛、景象。（关键词因人而异，一般选择动词、名词以及印象深刻的词语）

（3）动手操作

①确立中心（中心图）——一般就是课文的题目，也可以自行总结提炼。

例如本文就以课文题目《月光曲》为中心图。

②分支扩散——分支也就是对文章整体的理解表达，根据对文章的理解方式不同分支的类型也多种多样。

③内容填充——一般填写关键词

④插图——插图是为了帮助自己以及读者更加清晰地理解和记忆。

通过以上的步骤就可以开始动手啦！本文例图如下：

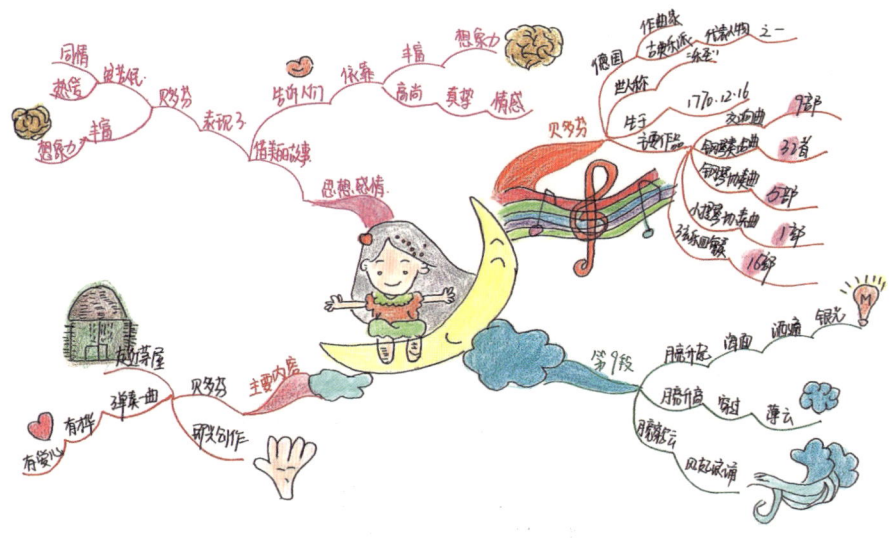

月光曲

2. 思维导图在数学中的应用

数学绘制思维导图最重要的核心在于整体把握知识点，通过对知识点的梳理，使我们能够更加清晰数学各知识点相互之间的关系，从而理清脉络。

技巧：先看思维导图，根据思维上面的关键词回忆知识点，然后再与对应的文字概述对照，两者结合，达到将知识点理清、整理、归类的目的。

示例一:

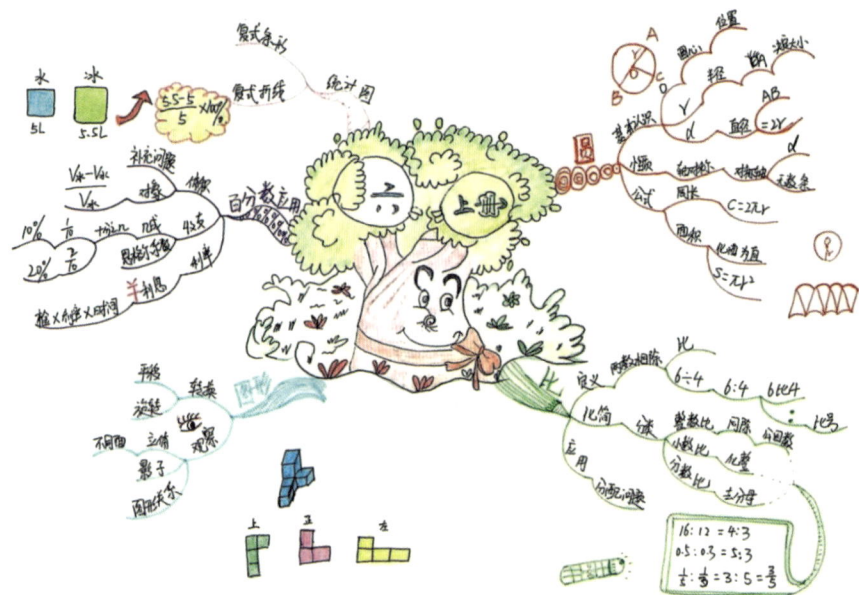

六年级上册知识点

示例二:

七年级上册第二单元《整式》

训练：以下思维导图所概述的知识点有哪些？

3.思维导图在英语中的应用

技巧：先看思维导图，根据上面的关键词回忆知识点，然后再与对应的文字概述对照，两者结合，达到将知识点理清、整理、归类的目的。

要点：对于英语绘制思维导图，可以很好地将知识点归类，我们可以按照类型例如：句式、时态或者表达某一类的单词短语进行整理。如：表达天气的单词、表示运动的单词等，这样可以很好地梳理，让我们思维更加清晰不至于混淆。

例如：单词短语思维导图

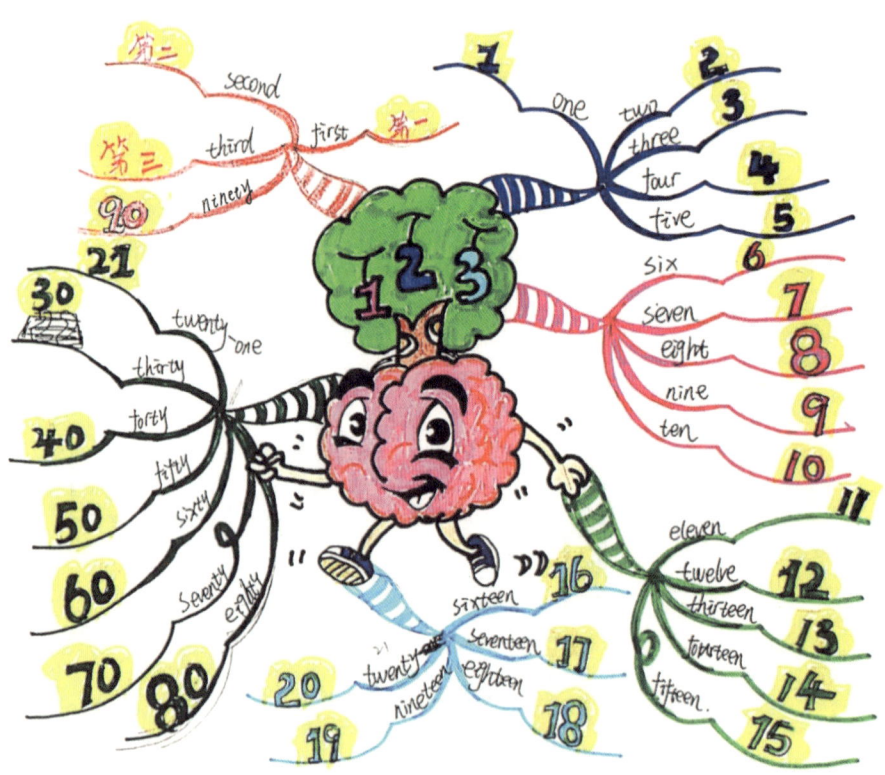

初中单词——数字类

课文句式总结

新概念英语第 81 课 Escape

语法句式拓展

英语七年级上册名词介绍

4.思维导图在政治中的应用

政治学科灵活多变，要想学好这门科目就要求我们保持一个中心点，多角度地去思考，正因为这门学科的特殊性，所以思维导图在本科目中的作用显得尤为重要！

在作答的时候就需要用到我们五年前面所讲到的"思维束射"也就是发散性思维，这个同学们可以在平时的学习生活中多加练习。除了要发散更要学会收敛思维，二者相对立但不矛盾，形成对立统一的局面，所以这就要求同学们能够很好地把握中心但不至于跑偏。

练习建议：

1.围绕一个中心进行发散练习。

要求：在规定时间内进行，看是否专注力越来越强，思路越来越清晰。

2.发散过后看能否在短时间内归纳总结。

3.发散是尽可能地全面，收敛是让我们抓住中心。

示例一：

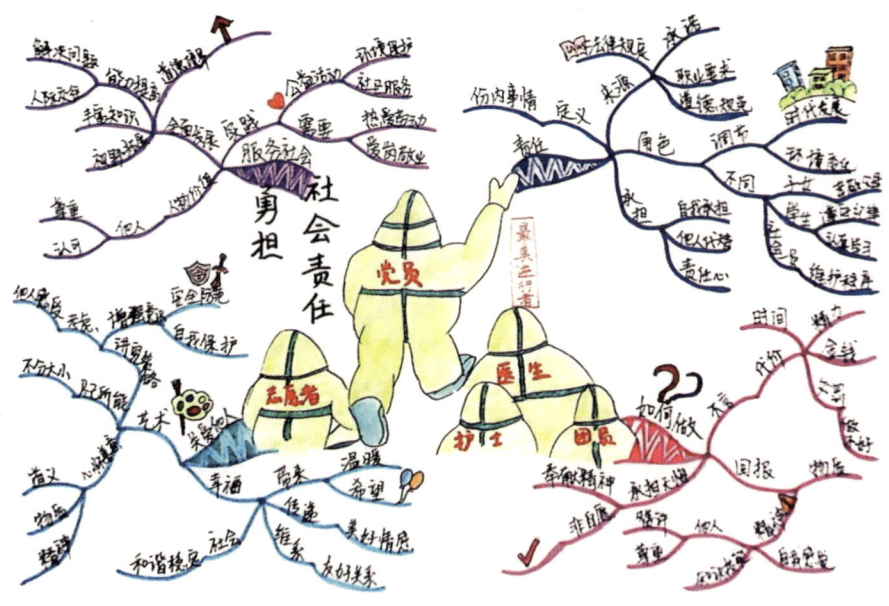

政治八年级上册第二单元《勇担社会责任》

示例二：

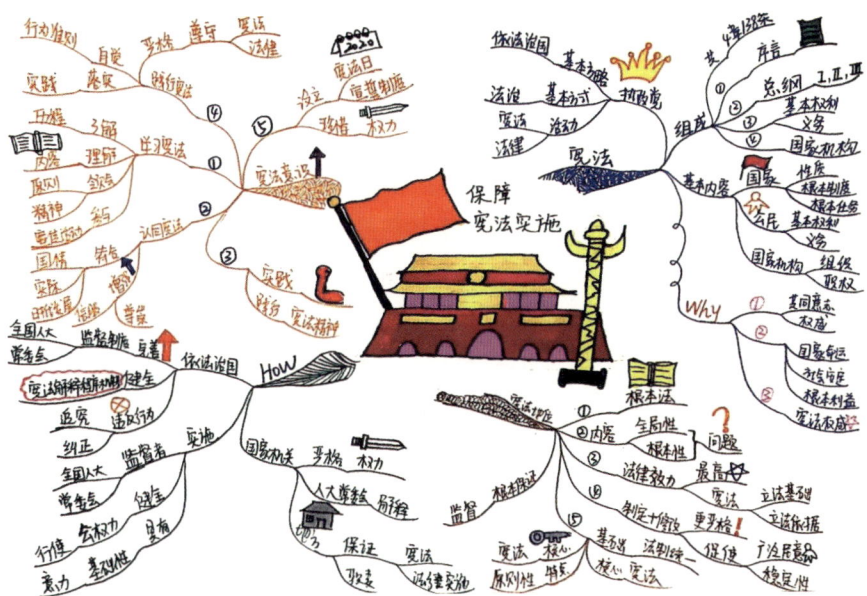

政治八年级下册第一单元《保障宪法实施》

示例三：

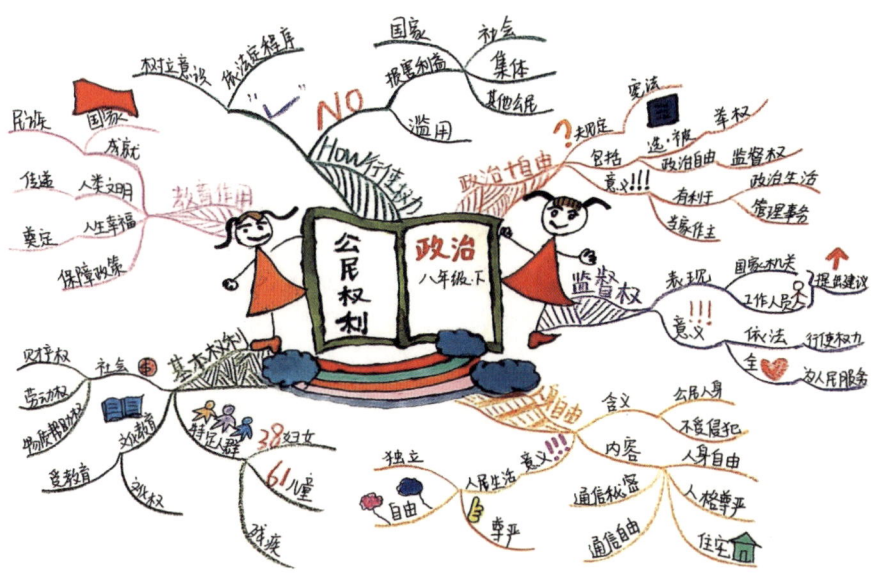

政治八年级下册第二单元《公民权利》

5. 思维导图在物理中的应用

说到物理就不得不和我们的数学扯上关系了，与数学类似理清关系把握知识脉络，全局性地掌握知识点，有利于我们灵活运用。在作图时，要求我们首先对知识有清醒的认识，作图的逻辑要求会更高，以下是范例供同学们参考！

要点：物理绘制导图可以将每一个知识点单独绘制，例如：关于电学的、力学的、压力的……这样一来，我们能够更清楚地针对每一个版块的内容进行归纳和整理，那么在作答有关物理这门学科的知识时就能做到一目了然、随时需要随时调动。

示例一：

物理八年级上册《物态变化》

示例二：

物理八年级上册《机械运动》

示例三：

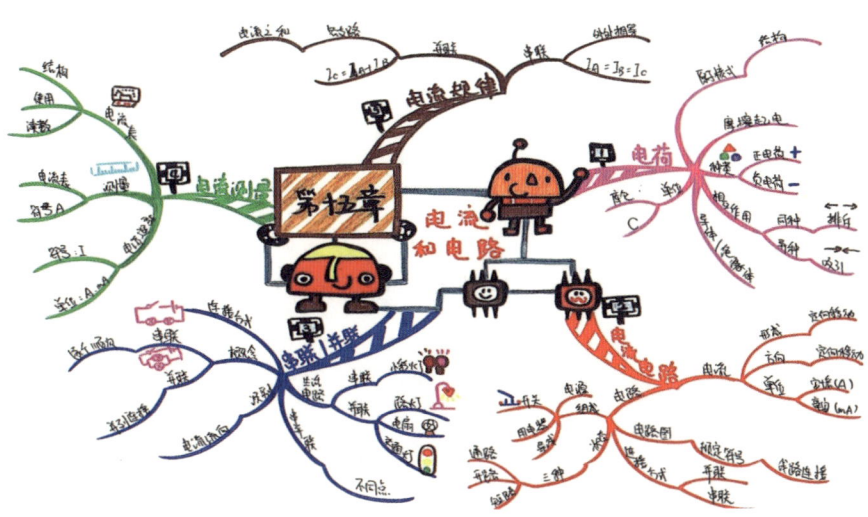

物理九年级第 15 章《电流和电路》

6. 思维导图在生物中的应用

用思维导图可以大大地提高生物学这门科目的记忆效率，对知识点的整

理和全局的把控，同学们在生物这门学科中可以对每一个章节和单元进行整理，这样更有利于我们理清知识点的脉络，加深对零散知识点的记忆。

要点：生物学中绘制思维导图可以多加一些插图，插图尽可能地与实物相近，这样可以加深我们对知识的理解和认识。

示例一：

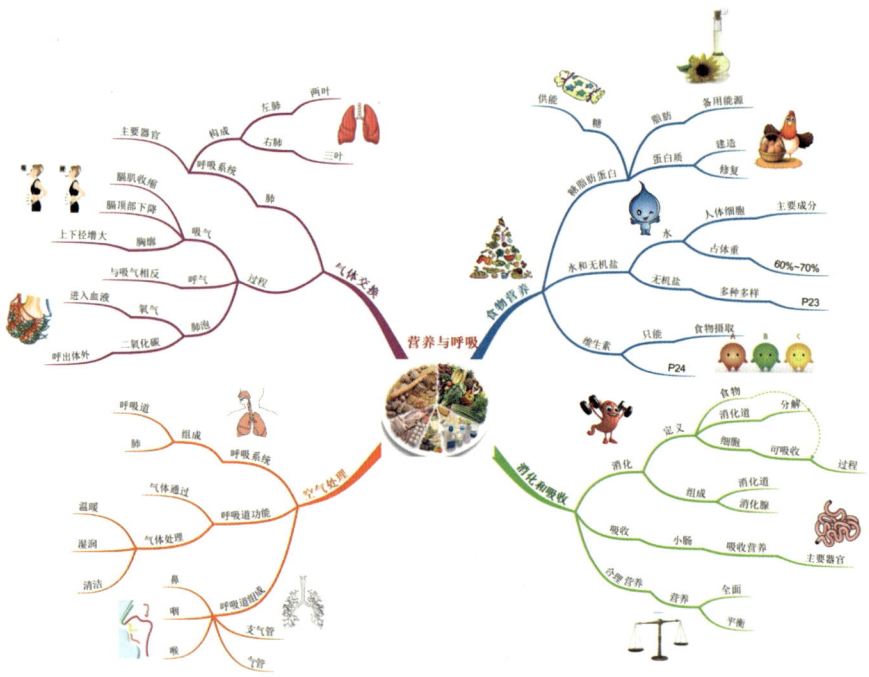

生物七年级下册《营养与呼吸》

示例二：

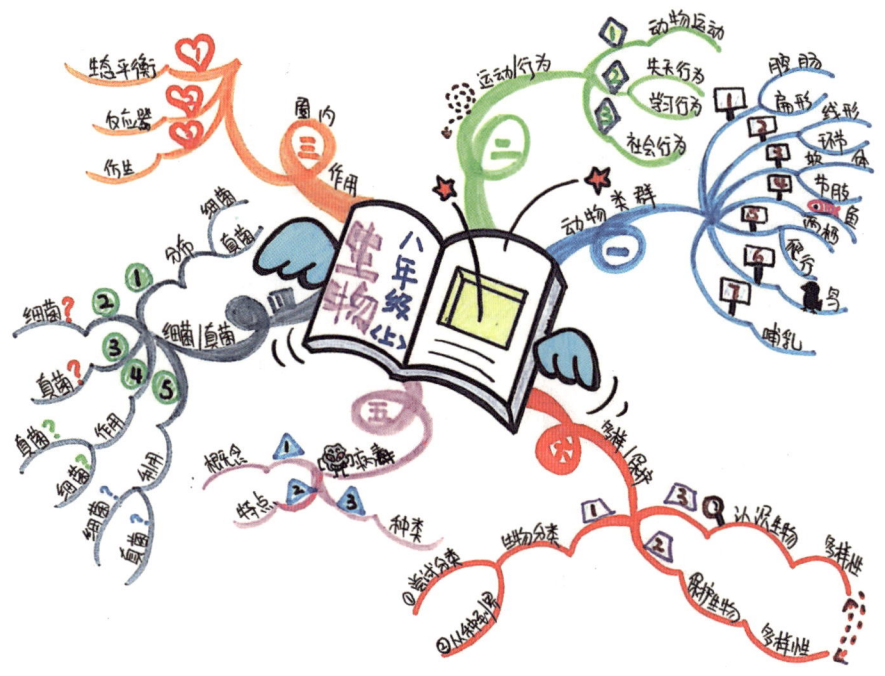

生物八年级上册目录

7. 思维导图在历史中的应用

历史中绘制思维导可以沿着事件时间的发展顺序来进行，也可以单独对某一事件进行整理。从全局来看，我们可以理清整个历史事件从前到后的发展历程；从局部来看，我们可以更加清楚的对某一事件的发生的时间、原因以及影响了解得更加透彻。

要点：可以分两步走。第一步：全局性，也就是按照事件的时间发生顺序做一幅宏观的思维导图；第二步：局部性，也就是在全局性的基础之上对具体事件进行更加详细的补充和说明。

示例：

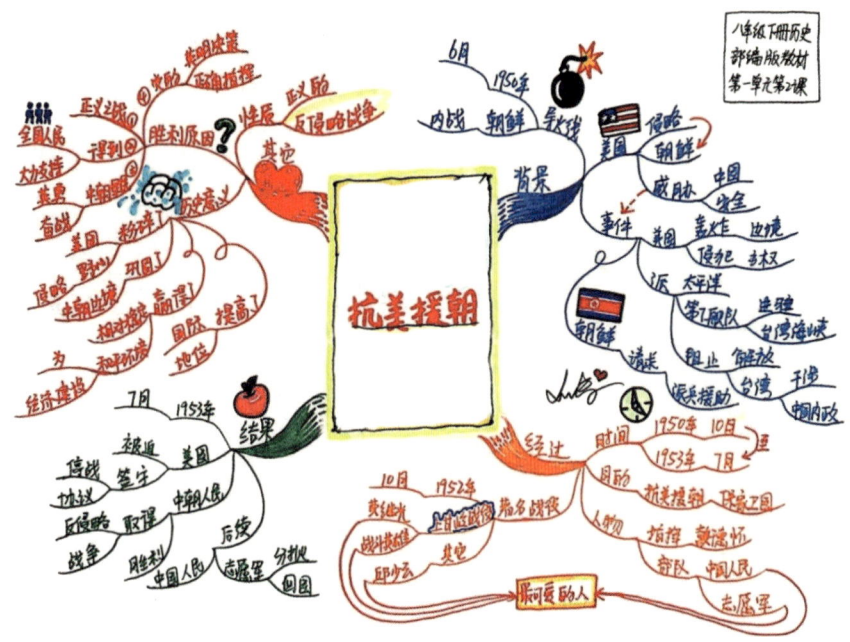

抗美援朝

8. 思维导图在化学中的应用

化学中绘制思维导图同样可以帮助我们对某一知识点进行梳理、归纳和总结。与其他科目有所不同的是，化学这门学科涉及很多方程式与试验，那记住相关试验的反应和一些物质的特性就显得尤为重要。运用思维导图可以将零散的知识整体化，帮助我们理解、记忆、归纳和总结知识点。

要点：我们在学习化学时记住一些反应式是最基础的，我们可以对相关反应式进行整理，也可以对某一章节的重要知识点进行梳理和理解。

示例一：

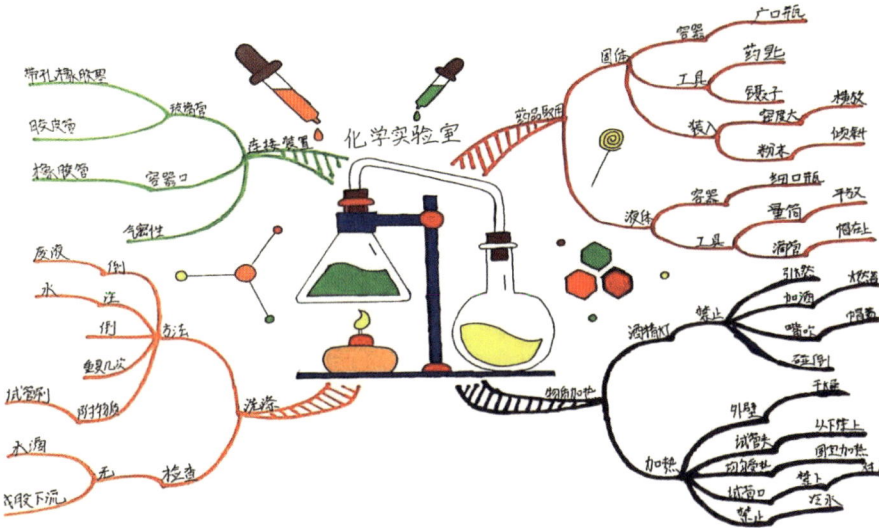

化学九年级上册第一章《化学实验室》

示例二：

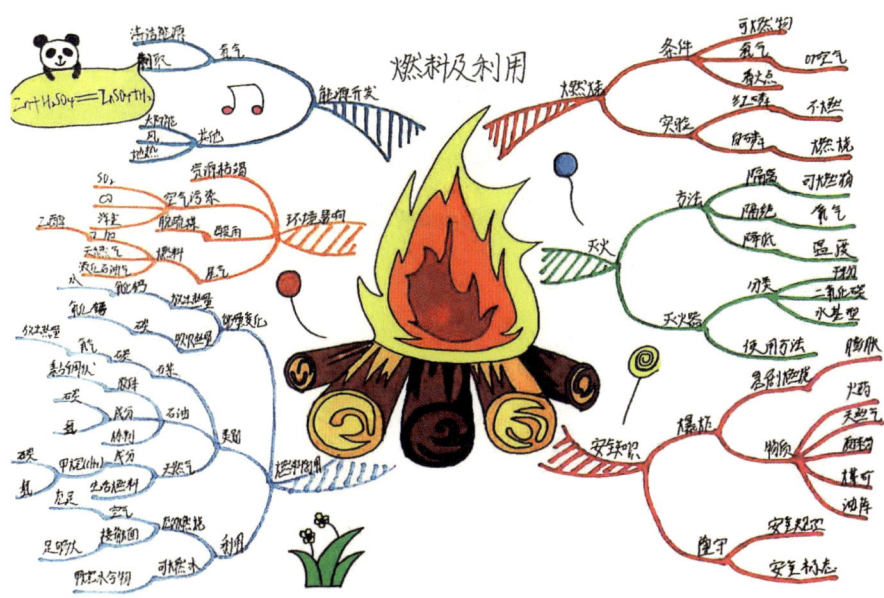

化学九年级第七章《燃料及利用》

9.思维导图在地理中的应用

地理中绘制思维导图可以很清晰地了解知识点，由于地理涉及的知识点大多比较零散，包括了疆域、民族特色、地形地貌、温度湿度等，这样一来导致同学们在学习地理这门学科的时候没有一个清晰的思路，而用思维导图就可以很好地帮助我们解决这一烦恼。

要点：绘制地理思维导图时，我们可以对某一单元进行整理，也可以对某一个大的方向，例如所有地区关于地形的这一版块知识点进行整理都可。

示例一：

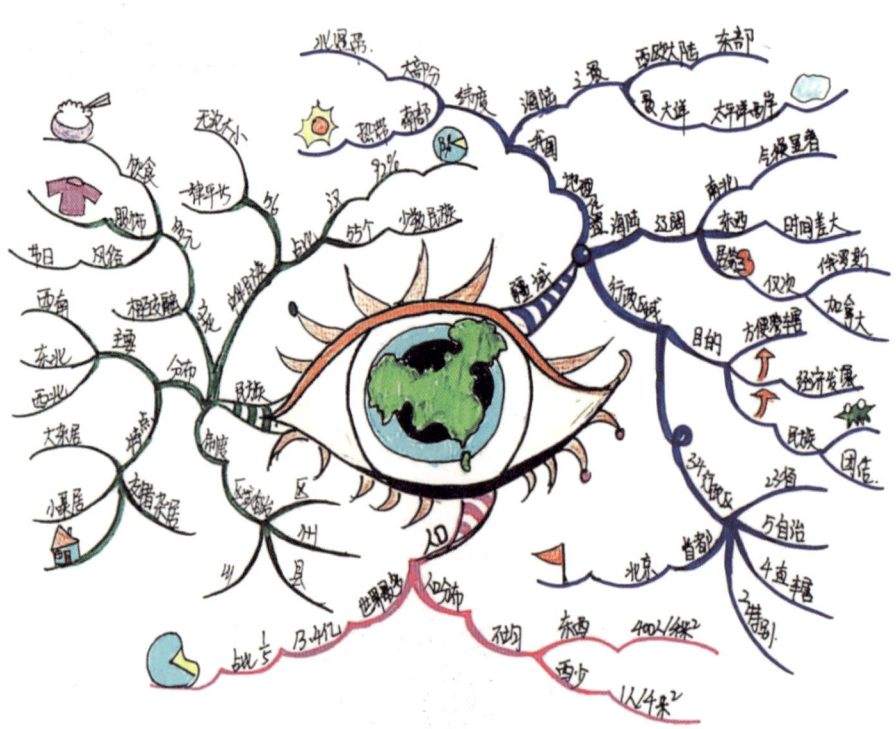

地理八年级上册《从世界看中国》

示例二：

地理八年级下册《自然特征与农业》

四、视听笔记

（一）什么是视听笔记？

左脑笔记，只是想法。

我们在学习生活中常用的笔记方式是分段落、来整理重点，它只关注了左脑的逻辑思维，虽然记下了想法，但缺乏整体性，这样的笔记，对于我们大脑记忆并无多大意义，而且这样的笔记事后阅读时不容易理解，又无法延伸想象力。

右脑笔记，增加了想象。

现在我们运用思维导图的方式将上课的重点内容以视觉化的方式呈现，不仅有了左脑的逻辑思维，更有视觉上的整体感，立刻就能看到全貌，更重要的是多了想象力。

视觉笔记的优点有哪些呢？

1. 掌握重点

做笔记就是要将会议、思考的重点记下来。

2. 记忆提醒

笔记要让我们可以记住重要事项。

3. 工作了解

笔记是一种帮助我们掌握工作的方法。

以上三点都是笔记的功能，那在我们的学习生活中就是要做到：快速、系统化、高效率、感受性、理解度、回忆。

（二）常见误区

1. 是思维的脉络，不是片段重点

笔记要求是要我们整理出整个笔记的脉络而不仅仅是记下重点。我们要对整体做把握，这样才会更加清晰。

2. 是想法呈现，不是美图表现

思维导图笔记，是对大脑思路的探索，不是为了把图画得多么的精美，图画只是给大脑以视觉冲击，但切不可仅仅为了追求图画的美观，而忽略了笔记本身的意义。

3. 是善用想象，不是追求表象

与传统笔记不同，思维导图笔记不仅能够帮助我们记忆，同时还让我们具有无限的想象空间。

（三）高效听课技巧

结合思维导图进行高效阅读需要一定的技巧，接下来通过这张思维导图进行详细说明。

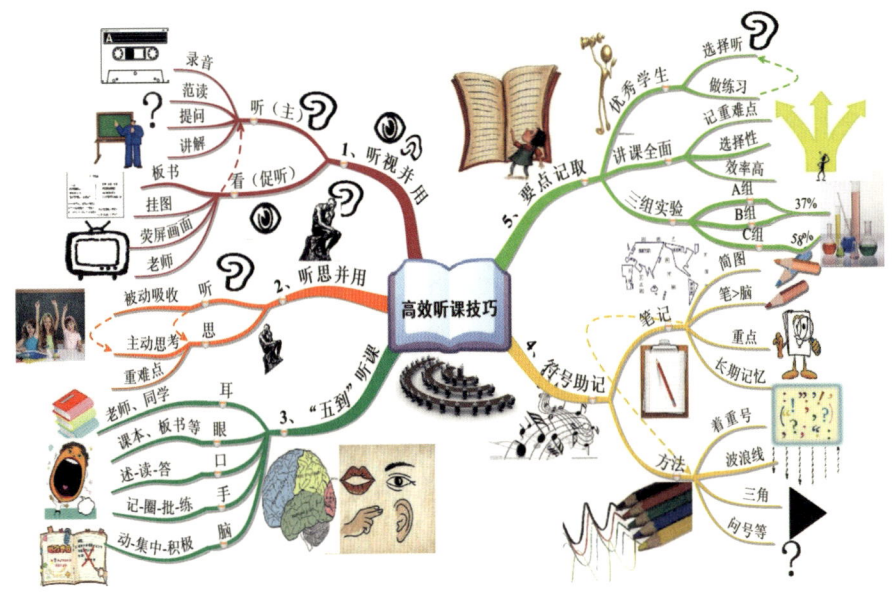

高效听课技巧

（四）思维导图视听笔记流程

听讲记录提醒：

1.在听讲记录的过程中所记录的新启航导图会比较凌乱，这是很正常的，因为对主讲人接下来要讲什么内容还并不太清楚，又不能像看书一样先跳到后面去看结果。所以记录者必须要听主讲人讲完所有的内容，记录的信息才能算是完整的。

2.在记录的过程中，语言是流动的，而且讲演者的速度记录者并不能控制，所以很多人在听讲记录时出现布局不整齐，分支过多，关键词不太简练，看起来比较凌乱的现象是很正常的。因为第一次完成的记录只能算是个半成品。

3.因为有了第一次的记录，所以第二次修正会很轻松，你可能用不到 10 分钟就可以把几个小时的课程记录整理出来了。

视听笔记流程：

1.听讲前要明确自己的听讲目的是什么，想从这次课程中获得哪些知识。

2. 在听讲开始时，快速地在白纸中间画一个简单的中心图。

3. 每个讲座开始前，思考可能的主干分支，以主讲人提供的主题为主要分支。

4. 在制作和记录过程中，不要太顾及美观，以内容为主，灵活运用记录空间。

5. 尽可能用简单的关键词，抄得内容过长可能会跟不上讲师思路。

6. 并非每段内容都要记录，有时你可先听完整段话再总结。

7. 记录完要进行整理，因为你用不到 10 分钟就可以整理完了。

8. 整理时要思考，如果再听类似的讲座或课程如何可以记录得更好。

9. 新图中可以另加一条分支，关键词是"心得"，可以把你这次新的灵感记录下来。

总结：

透过简单但重要的关键字，我们能轻松愉快地掌握整场演讲精华，且充分享受讲师的智慧光辉。由于听演讲时，速度快慢我们难以掌握，现场不太可能以彩绘笔慢条斯理去做笔记，因此以四色或六色圆珠笔作草稿是不错的选择。回来后，利用复习的时候再重新整理一次，除了加入美工之外，也可以增加个人的心得感想。

以下为视听笔记流程的思维导图说明：

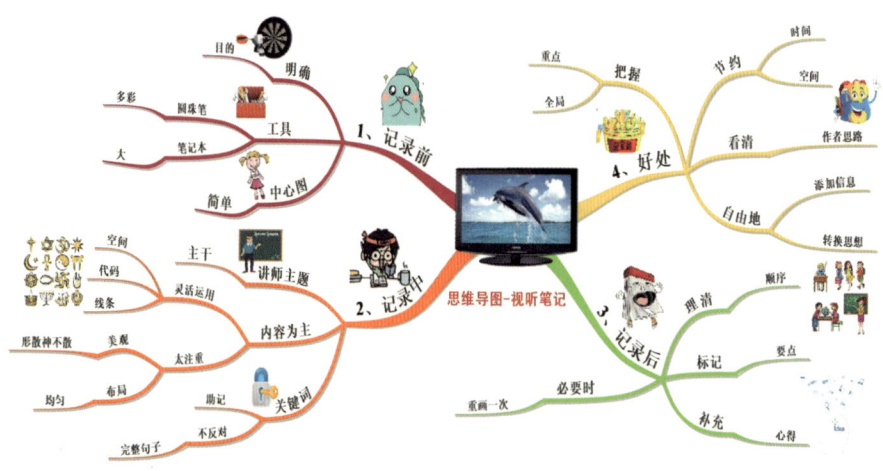

思维导图—视听笔记

（五）实战演练

做好以上内容就可以很好地将一个笔记记下来，持续地练习下去就可以很好地提升笔记的能力了。下面给大家几个示例：

示例一：

家庭教育课程培训

这幅思维导图就可以将一堂家庭教育分享课程展示得一览无余，同时还有自己的思考在里面，思路非常清晰。

示例二：

企业培训课程

同学你看，这样的视听笔记，就能将一堂企业培训课程通过思维导图总结出来。希望透过这张图的分享，能够让你享受视听思维导图的乐趣。

第二节　物有本末，事有始终

一、预备前构思——自信演讲

演讲是一种基本的沟通技巧，每个人在一生中都可能会面临多多少少的演讲机会。从学生时代开始，学校就会组织一些主题演讲比赛；参加工作后，在公司里也需要做工作汇报等不同场合下的演讲。演讲是一种考验个人能力的行为，一次好的演讲能够给人留下深刻的印象。我们需要在演讲之前做足准备，以保证正式演讲的时候不会发生意外。那么，究竟如何开始一场成功的演讲呢？答案是从演讲准备开始。使用思维导图做演讲提纲，可以帮助我们理清思路，构建完善且紧密的演讲逻辑。

我们为什么要使用思维导图做演讲呢？

（一）构思明确

思维导图的结构分支线条直观，而且中心主题重点突出，细节也不脱离主题，正是构思演讲稿的好工具。我们确立好演讲主题后，通过思维导图我们可以把整个演讲活动当成一个系统来进行管理。

（二）便于记忆演讲要点

日常忙碌的工作学习中我们不可能把自己准备的演讲稿一字一句地完成背诵，那样既花费时间，在进行演讲高压环境以及紧张时还会出现忘词忘句的现象。但是不脱稿进行演讲好像又显得不高大上。思维导图逻辑严密、图文并茂不需要反复细看就可以记住线条的位置和颜色，非常符合左右脑记忆的原则。所以用思维导图来做演讲稿，可以做到不用背演讲稿。通过思维导图我们就可以把演讲大纲结构化，这样即使演讲中出现紧张忘词等意外情况，也能通过扫视思维导图演讲大纲，帮助恢复记忆，一边回忆一边演讲。这也是思维导图的魅力所在。

（三）便于材料收集

我们在写演讲稿的时候常常会出现思维局限、没有灵感，绞尽脑汁找不到素材的时候。但是思维导图具有发散性和收敛性，可以发散扩充演讲素材，并且将零碎的材料统一归类，明确演讲纲要与重点，对重点内容做出标识，整理展示在每一个演讲板块下，让人一目了然，更好地解决我们的素材问题。

用思维导图助力演讲——如何做？

第一步：确定演讲主题

明确了演讲的主题，才能进入下一步。好的演讲主题，能够吸引观众聆听。所以需要先确定演讲主题，绘制思维导图中心图。例：我爱中国

备注：在自己的中心主题上加上色彩会更加具备吸引力

第二步：搭建演讲框架

一旦确定好主题之后，就需要我们构思演讲的大纲，保证在规定的时间内，能够清晰准确地表达自己想要阐述的观点。使用思维导图创建大纲，可以不断优化演讲的逻辑性和结构性。

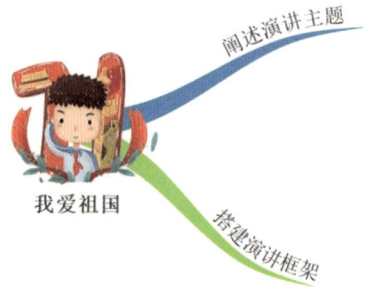

我们要清楚自己的演讲稿分几个板块，通过什么样的方式来引出主题，整个演讲稿通过什么方式把演讲者和听众之间的关系拉近，从而消除隔阂。

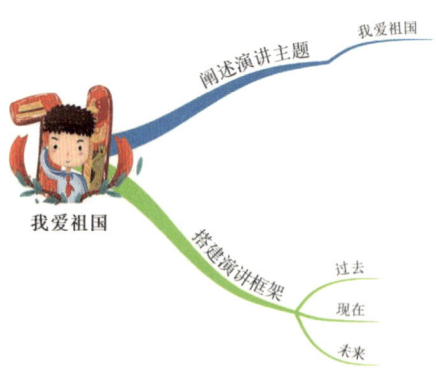

第三步：完成大纲

根据自己的演讲框架，把演讲过程中需要演讲的全过程进行分类，确立板块。往后发散，将思维具体化，在这个过程中需要突出自己鲜明的主题将发散过程中新颖典型的材料举例出来。我们说主题是演讲的"灵魂"，那材料就是我们演讲当中的"血肉"了。

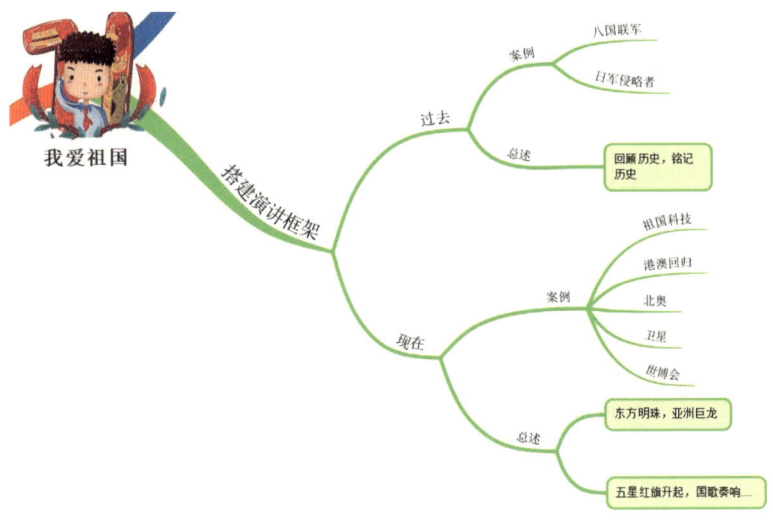

第四步：演讲总结

演讲总结是在演讲者讲述具体素材后对我们的演讲做主题的升华。通过思维导图做总结则是把主题作为中心对象，将自己掌握的信息记在思维导图上面，实现更为全面的信息共享。同时在自己做总结时可以找出听者可以感知到的问题以及信息之间的联系，获得更深刻的理解和演讲效果。

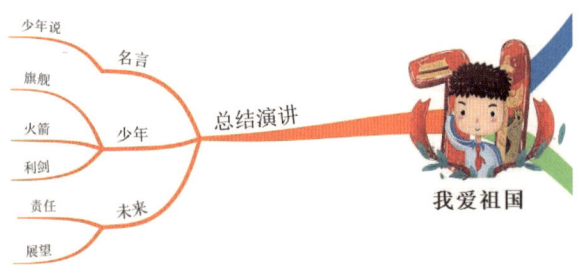

　　根据以上思维导图构思演讲的方式下我们可以得到属于自己清晰明了的演讲思维导图，把自己的演讲稿几个部分化成主分支，然后充实每条分支下面的内容。在演讲当天，我们可以参考自己手上的这张思维导图完成演讲。不仅可以把自己想说的内容一条不漏地说出来，而且重点分明，避免了念稿子的平淡无奇，也许还会比以往的演讲更加出色。

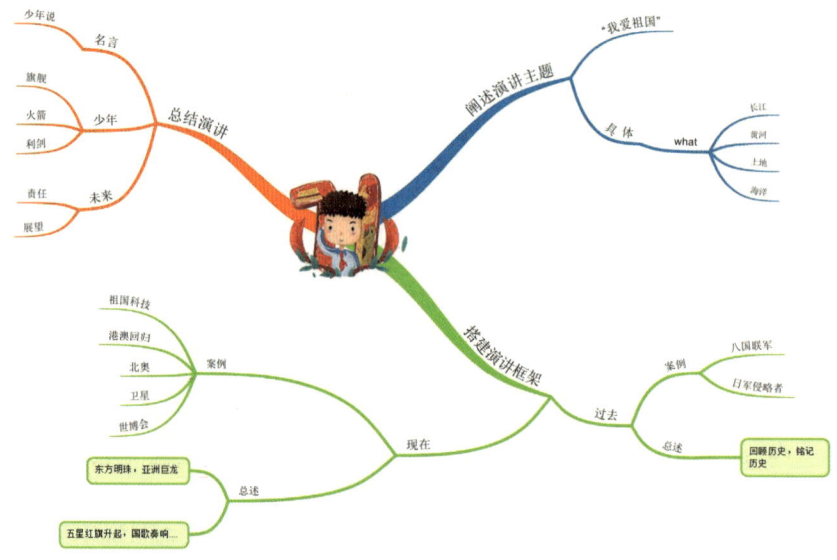

"我爱祖国"主题演讲

　　一个人的思想决定一个人的行动。掌握好思维导图，就会发现演讲的并没有你想象中的那么的难以掌控。

训练一

主题：利用思维导图绘制"以梦为马"主题演讲稿

训练二

主题：利用思维导图绘制"热爱生命"主题演讲稿

二、行动前思考——为自己计划

如何用新启航思维导图做计划

有时候我们的大脑里会有很多的想法，但是想法太多，思维会乱，反而找不到自己心中想要的答案。我们需要整理自己的想法，比如做计划。

现在很多同学觉得要做的事情太多，脑海里的事太多太杂，就会出现理不清头绪的现象。有些同学只会在脑海里想一想，总觉得自己的效率不高、时间规划能力不强，甚至有时候还会怀疑自己是不是有"拖延症"。很多人会有这样的察觉，但很少能采取行动去解决这个问题。

其中有一部分同学会在家长的建议下用"列清单"的形式把自己的规划写下来，这种方式一定比空想好很多。但是曾经有一位思维导图初学者说："以前会习惯用列清单的方式来做计划，但写了将近二十条计划，还是感觉事情很多，没有头绪。"

计划是提高工作效率的有效手段，凡事皆因"预见"，才会"遇见"。

我们的工作模式一般分为两种形式，一是消极的，二是积极的。消极的工作模式都是等问题发生了才被动地去处理。积极的工作模式则相反，会主动积极地预见困难，并提前想好解决问题的方案。

写工作或学习计划，实际上是我们对自己工作或学习的一次盘点，让自己清清楚楚，明明白白。写计划是我们走向积极的工作或学习模式的开始。

思维导图初学者在用思维导图的形式做完了规划之后，有些人说自己知道了重点；有些人说可以让事项更可执行了；有些人说看到了有些事情并不是很重要，可以在绘图的时候就直接删掉，明确取舍； 也有人看到别人的思维导图规划时，意识到了自己平时在时间管理上的"思维漏洞"。

◆案例分享

主题：规划五一假日

步骤：

（一）确定目的

是放松，是学习，还是陪伴家人。

（二）绘制思维导图

1.联想开花：先把假期中你想做的事情全部写下来。

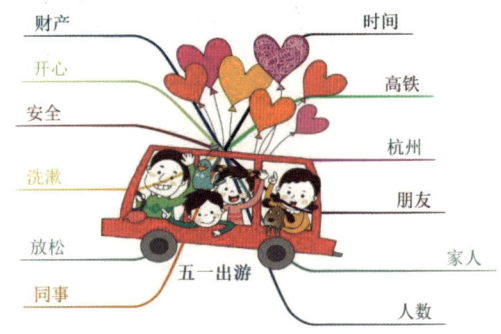

2.归类：把写出来的这些事根据你的目的进行归类。

3. 激发深层次想法，让事项可执行。

五一假期出游计划

4. 加上"时间"。很多人会漏掉这个重要的细节。如果这是一项规划，时间就尤其重要。不注意时间，是导致"拖延症"的重要原因。

（三）检视结果

好计划不是写出来的，而是做出来的。计划再好，你不去实施，那也只是纸上谈兵。做也要注意节奏和方法：重要的事先做，一次只做一件事……不能落地实操的计划不是好计划，不能产生积极结果的计划不是好计划。为了更好地达到结果，大家可以把思维导图贴在显眼处，完成一项就标记"√"。

（四）优化思维

做到了，是因为在规划的时候想到了时间，是因为事项没有特别笼统，"思维上出力，行动上省力"。没有做到，是因为没有考虑到时间上的长短，导致安排的行程太满，或者没有考虑到有小朋友和老人在，没有顾及所有人的体力。

这样的优化是有力量的，因为不是针对别人，而是自己。总结是为了优化自己的思维模式。优化自己的思维模式，就会使自己变得更好。

◆案例分享

主题：中秋节假期规划

【原因】中秋小长假就要开始了，借着假期前夜的家庭会议，利用新启航思维导图，全家一起制定了假期计划。

【步骤】

（一）先列出已经在日程上有安排的事项。（全家都需要参与）

（二）每个人分别说一说自己每一天的计划，想要做的事情，用主干式导图记录。

（三）共同细化每一天各时段的事项，用思维导图画出。

【感受】以前假期或周末，我们也会通过家庭会议讨论出要做的事情，但不会详细地安排到每一天每一个时间段。所以，经常发生计划赶不上变化，每个人想做的事情在时间上冲突的情况。

这次全家坐在客厅里，热火朝天地讨论假期安排，彼此尊重，各抒己见，感受到通过新启航思维导图的方式做计划，更有条理、更周全，而且家人们都更支持我继续分享思维导图这种高效的学习工具了。言传身教，在边讨论边绘制的过程中，我发现家里小朋友对计划的表述由刚开始的漫无目的，想到哪儿说哪儿，慢慢变得更有条了。更重要的是，他不再只关注自己的需求，知道倾听和尊重他人的意见了。

【结果】昨天全家人一起用新启航思维导图步骤，制订了假期计划。今天是实践的第一天，可以说是出乎意料地完全按照计划表进行。非常棒的体验。

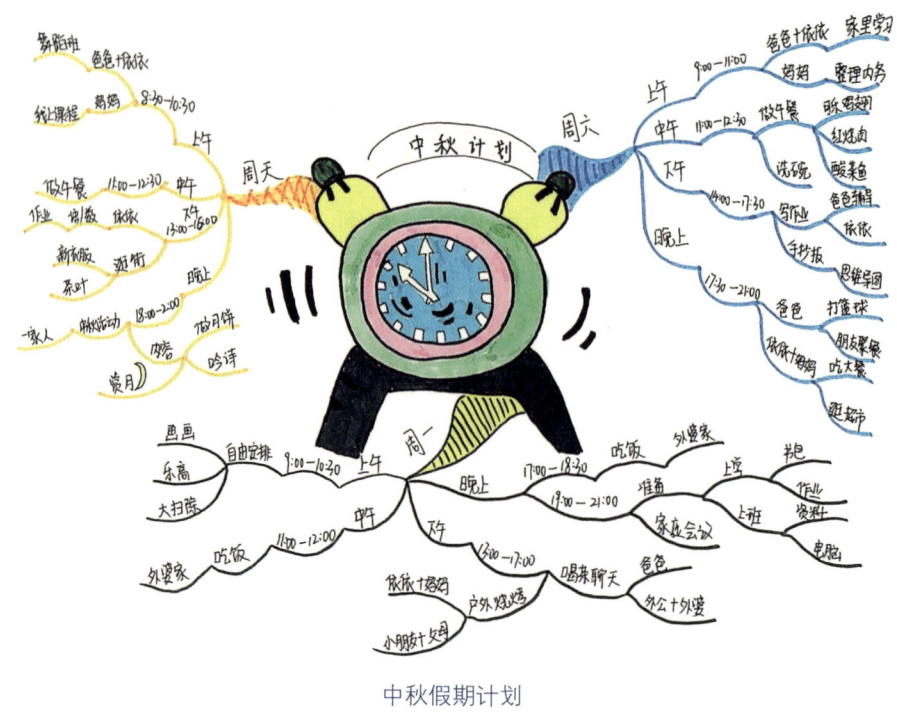

中秋假期计划

◆案例分享

主题：工作日安排

【原因】刚学习了思维导图，老师们制订了打卡练习计划，今天思维导图打卡内容不知道画什么，就看了看别人画过的，觉得工作日安排很有意义。贴合实际，正好昨天刚过完周末，所以画起来很顺利，花费的时间不是特别多。

这是新启航思维导图初学者很容易出现的状态，要刻意训练自己的规划能力和思维能力，而每日的安排或者假期安排是不错的选择。

明日待办事项

◆案例分享

主题：培训计划

【原因】公司要举办200人规模的父母课堂培训会议，根据各部门的事项，梳理了一个工作安排。

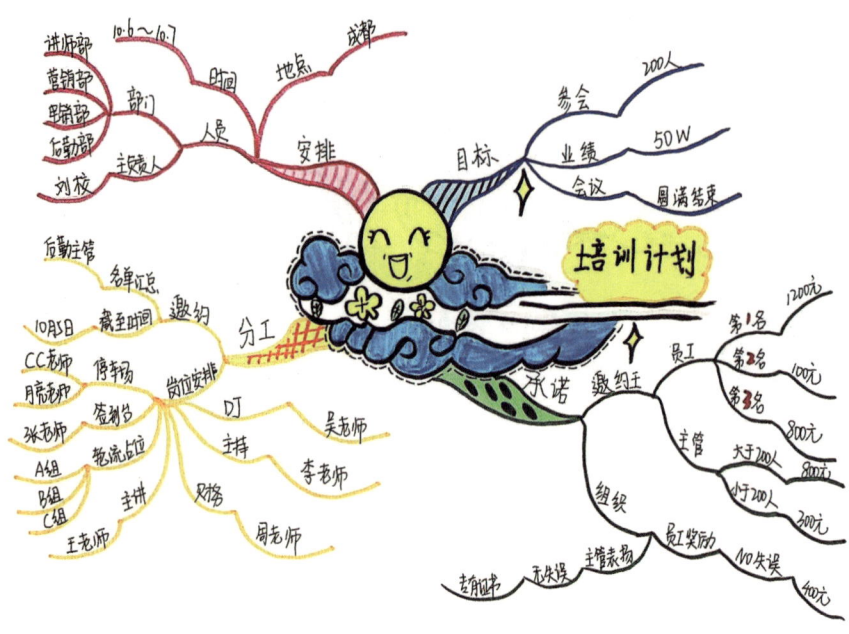

培训计划

小结

无论事情大小，其实我们每一次的思维导图规划都是在训练我们的思维、提升我们的思维模式和习惯。即使是一次过年采购计划也可以用新启航思维导图，因为你做一件简单事情的思维导图也是你面对复杂事情的思维模式。从简单的入手，循序渐进，最后养成高效的思维模式。

【学员导图分享】

新启航学员，通过 5W3H 思考模式，绘制《青岛五日游》攻略。

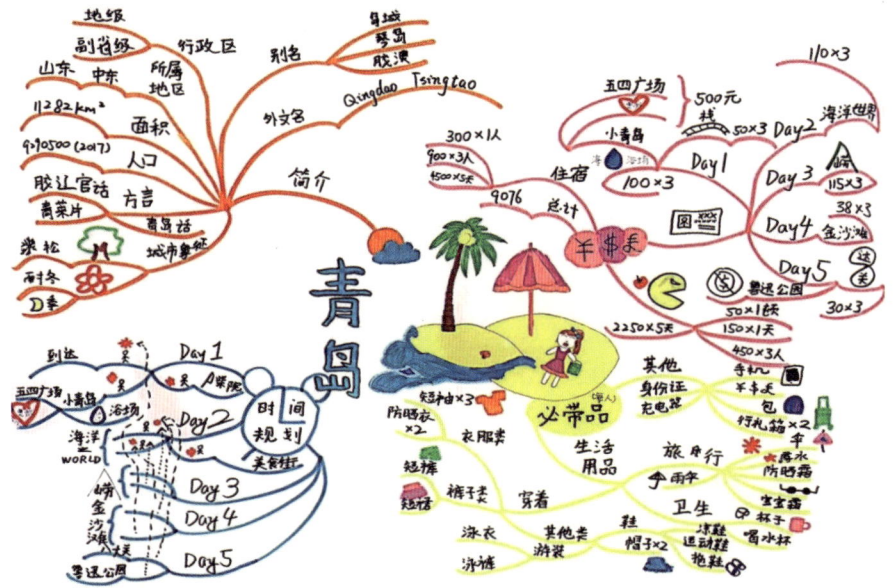

青岛五日游攻略

训练 1

主题：为你自己做个本月学习计划。

如何做计划：积极运用黄金圈法则，由内而外地思考。

Why：为什么要做这件事情，做这件事情的目的和目标是什么；

What：清晰地定义问题是什么，解决这个问题的关键是什么；

When：什么时间做什么事情，每件事情控制的时间是多久；

Where：做这些事情的地点是哪儿；

Who：在做事情的时候，有哪些人，是否需要备注在上面；

How：充分思考上面的 5W 后，再来制订计划就容易多了，把工作内容、工作方法、工作分工以及工作进度根据轻重缓急进行规划即可。在制定计划的时候，要不断探寻新的可能性，不断去寻求解决问题的更好方法。How 是

我们上面讲到的，How much 多少钱，How many 多少数，可以根据实际计划内容思考是否需要加入。

训练 2

主题：用思维导图形式，为你自己做个周计划。

训练 3

主题：为你自己做个日计划。

训练 4

要求：假如你有七天的时间，可以去成都旅游，还可以跟着新启航明星讲师学习思维导图，请用思维导图做个七日游计划。

三、理智做决定——二分决策

简单的决策叫作二分决策。二分决策是理清次序的第一个阶段。可以更为广泛地把它划分为评估性决定。

首先，什么时候我们会遇到二分决策？

在工作生活中，当需要从两个选择中决定一方时，就用到二分决策。比如，要买书包，到底是买还是不买呢？又比如，要去旅游时，是今天去，还是明天去呢？

其次，为什么用新启航导图可以帮助决策？

二分决策法可以帮助你在短时间内，将所有的因素考虑在其中，帮助你权衡利弊。同时，理清头绪，提高你遇到事情后的思维能力。最终让你可以冷静地分析，理性地做出决策。那么，如何开始分析呢？

先用新启航思维导图把自己的需要、先后顺序和隐忧理出来，再根据所涉及的、已经看得很清楚的问题来做一个决定。用思维导图把一些关键的利害明白地列出来，因而就大大地帮助你自己如何去做决定。见后文游戏：别墅分析法。

最后，如何最终决策？

在很多情况下，画思维导图的过程中自然就会产生一个解决办法。当大脑看到收集到的全部数据后，突然就冒出一个"啊哈，我想到了！"，一下子就为这个决策过程画上了句号。

方法有：直觉法、数字加减法、排列分析法、沉思法、放松思考法、抛硬币法等等。

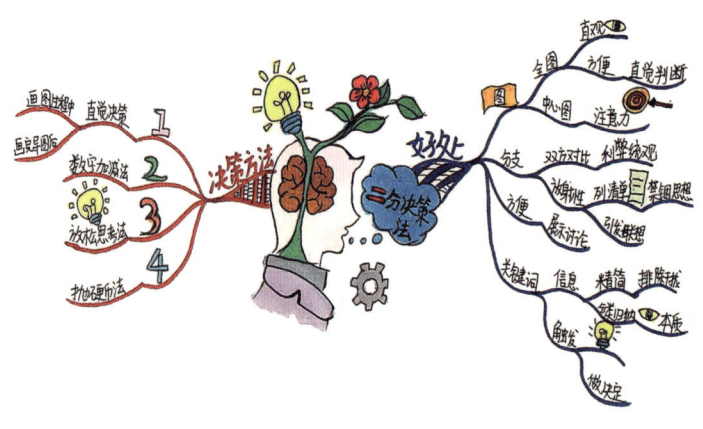

二分决策

应用案例：二分决策信息整理法——买别墅

请应用二分决策分析法绘制《买别墅》的导图，然后做出选择，你会购买下列两套别墅中的哪一套呢？

（一）新的纳帕别墅项目

位于顺义区潮白河国家森林公园内，毗邻乔波室内滑雪馆，是天然的别墅版块。地块东侧300米是闻名京城的潮白河，东南侧就是潮白河上2008年奥运水上项目皮划艇的始发点，奥运会后将保留为常年有水的开放式场馆。南侧有1公里的绿化带与顺义新城相接，"绿肺效应"相当凸显。这里临水照花，绿荫成带，区域性小环境气候各项指标非常优越，宜景、宜人、宜居。

交通也非常便捷，距顺义新城1公里左右，规划中的轻轨就在项目西侧300米。车行可直达三元桥，南北向的有京承高速、京顺路、顺通路、京密路、顺安路等，东西向的有白马路、六环、五环，一直到三环等等，可谓出门处处是路，路网通达，快捷畅通。

在开发商的资源整合下，纳帕新项目的别墅业主将是该室内滑雪场的会员，将会享受到金卡会员待遇。周边的国际网球俱乐部、乡村篮球俱乐部、春晖园温泉度假中心、怡生园国际会议中心等等，对于未来纳帕别墅的业主们来说，都是成熟的商业配套资源。吸引大量海外游客，各种购物设施和公共设施非常完善，实现了现代文明与自然美景的有机结合。

（二）同文园

坐落于北京市马坡镇与牛栏山镇两个城市组团之间的绿化隔离带交界处，占地面积为 180220 平方米的独栋别墅。楼层状况为地上二层，地下一层，共 161 栋。项目周边交通便利，具有航空、铁路、轻轨、高速路、主干道五位一体的立体交通，车行 15 分钟即可到达首都机场。小区毗邻两座高尔夫球场、程锋儿童游乐园、开平园度假村及配套设施齐备的顺义区城。项目区域内风景优美，空气清新。同文园业主有 3.4 万平方米原生水域，73.4% 的森林覆盖率，自然景观得天独厚。

以地上建筑面积 300 至 400 平方米独立式住宅为主，居住户数 161 户。空间布局上以二层为主，双车库，充分保留大面积南侧庭院。明亮、安静、舒适、自由，同时给住户极大的个性化改造空间，以及美化庭院的可能。建筑造型体现沉稳、含蓄、朴素、得体的风格，采用红砖、灰砖墙面结合四坡屋顶的欧式风格，掩映在绿树繁花之间，与环境和谐统一，相映成趣。细部处理运用仿木百叶等体现居住建筑特色的材料，营造出既简洁明快又温馨舒适的居家氛围。

居住的住户多为演艺界名流，每到春夏换季，会举行各种规模的交流活动，并且会组织小型电影展播会。

运用二分决策法，请绘制出你的思维导图。

导图案例：二分决策法应用：选择搬家与否

二分决策——搬家与否

导图案例：二分决策法应用：选择住校与否

二分决策——住校与否

四、为生活添彩——创意计划

7R 思考法则是由埃森哲极致流程训练计划创办人夏碧洛（Stephen M. Shapiro）提出的。结合图解思考工具思维导图或曼陀罗九宫格，对提升创新企划所必备的创造力会有显著成效。7R 创新思维是经由 6W 思考法提炼出来的，

7R 思考法与 5W2H 有相同之处在于都先透过思维导图的树状结构去扩散思考，提升创造力中的流畅力、变通力与精进力，并掌握一个关键字与提取出上位阶概念的原则，开启思考的活口，让我们的思维更具有独创力，再针对每一个项目去进行收敛。

那 7R 思考法具体是什么呢？

所谓的 7R 是由七种潜在变化组成的架构，包括：

1.重新思考（Rethink）

2.重新组合（Reconfigure）

3.重新定序（Resequence）

4.重新定位（Relocate）

5.重新定量（Reduce）

6.重新指派（Reassign）

7.重新装备（Retool）

这七个步骤的意涵分别对应到5W2H当中。

1.Why——为什么要做？（目的不同，方式不同。）

2.What——是什么？（加减法：功能、材料、模块……）

3.When——何时？（时机、时段、时长……）

4.Where——何处？（大小、远近、内外、高低……）

5.Who——谁？由谁来做？（不同的人不同特质、特点、特色……）

6.How much——多少？（程度、数量、质量……）

7.How——怎么做？如何提高效率？如何实施？方法是什么？（一切为目的服务）

我们可以通过一张思维导图更加明确具体地表达二者间的关系，那么我们在用7R进行思考的时候好像也更加明白易懂了。

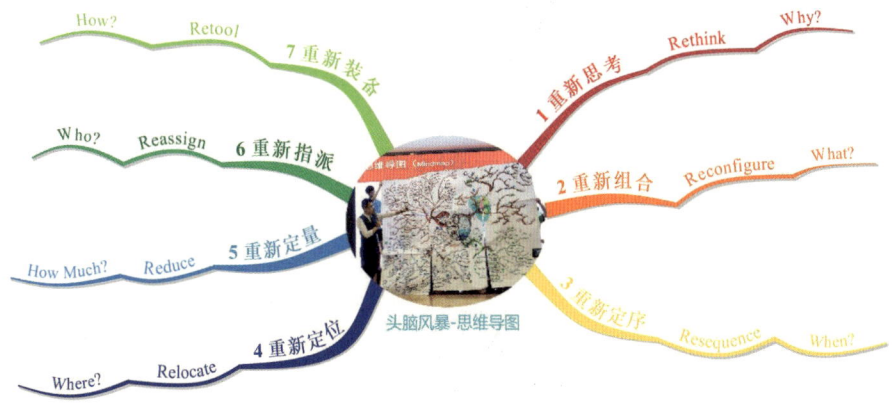

头脑风暴 7R 创意计划

7R 思考法是一种动态的创新企划方式，在思维导图绘制中有两点很特别：第一，干的绘制有固定顺序，必须先完成 WHY（Rethink）和 WHAT（Reconfigure）；第二，每个主题都要充分发散，在做出收敛之后，才进入到下一个主题。因此，应用 7R 思考法绘制思维导图时，和平常文章笔记的顺序不同，通常会完成一个主题所有内容后，才继续下一个主题。

【示范】

案例——为什么墙上有裂纹？

1940 年，杰弗逊纪念堂的墙面比周围其他建筑有更多的裂纹，这就需要每年花大量资金来修补墙。负责的人就找来专家分析原因。一开始认为，问题出在清洗墙体用的清洁剂上，所以解决办法就是减少冲洗次数，或者更换清洁剂。当我们利用 7R 思考法来处理这件事以后发现简单了许多，问题也得到了解决。

◎重新思考（Rethink）—— Why

为什么要冲洗墙？因为墙上有很多的鸟粪。

◎重新组合（Reconfigure）—— What

为什么有很多鸟粪？因为有很多燕子在大厦周围筑巢。

◎重新定序（Resequence）—— When

什么时候会有很多飞虫？因为大厦窗户大，阳光充足，飞虫聚在大厦里，繁殖很快。

◎重新定位（Relocate）—— Where

在哪里会有飞虫？燕子喜欢吃蜘蛛，大厦四周有蜘蛛喜欢吃的飞虫，因为大厦窗户大，阳光充足，飞虫会聚在大厦里。

◎重新定量（Reduce）—— Who

什么东西会导致墙裂？飞虫繁殖带来蜘蛛，燕子喜欢吃蜘蛛，燕子的粪便导致墙裂。

◎重新指派（Reassign）—— Wow much

需要花费多少代价？清洁剂的更换需要每年几百美元？

◎重新装备（Retool）—— How

可以怎么去做？将清洁剂更改为一个窗帘，解决阳光问题。

7R 思考法

　　所以，根据 7R 思考法将问题的根源找到了，是因为大厦窗户光照太充足导致的。

　　最后的解决办法也变得简单了：加个窗帘。就这样，本来需要几百万美元解决的问题，靠一个窗帘就解决了。

训练 1

主题：用 7R 思考法，构思一个校园活动——"珍惜水资源，热爱地球"

训练 2

主题：用 7R 思考法，制订"班级春游"活动计划

第三节　激发自己的思维

你阅读过《哈利·波特》小说吗？你知道作者 J.K. 罗琳是如何创作出《哈利·波特》的吗？她有一次在曼彻斯特前往伦敦国王十字地铁站的火车站上突然幻想到一个图景，她就用新启航导图的方法把整个故事想象出来，把它给画出来，她的第一本小说就这样诞生了，后来就写出来了。我们知道现在罗琳是英国最富有的人之一，这个就是新启航导图与财富的关系。思想能够创造财富的实例。

作者 J.K. 罗琳被大家亲切地称为"全世界最会说故事的魔法妈妈"。许多人读完故事以后的评价是，书中的想象力丰富，令人百看不厌。10 年前，罗琳只是个靠救济金过日、独立抚养女儿的单亲妈妈；10 年后的今天，她已经成为一名身价达到 10 亿美元的畅销书作家。《哈利·波特》如今已经在全世界卖出 1.2 亿册，成为全球最畅销的书籍。无论是大人还是小孩，大家都在争相阅读《哈利·波特》的故事。《哈利·波特》小说的前四册夺走了 2000年全美十大畅销书前五名的四个座次，并被翻译成 46 种文字，拥有约全世界1/6 的读者。畅销书的有关情况通过报纸、电视、广播、互联网传到了千家万户。这部小说带给罗琳巨大的荣誉和财富。她的故事犹如现代版的灰姑娘，在世界各地流传着。

你已经体会到创新与想象能够给人带来的巨大奇迹，那么，还等什么呢？赶快拿起笔，运用新启航导图技巧，绘制出属于你自己的传世佳作吧！

一、思维导图创作法

思维是作文过程的核心，只有抓住思维这一条主轴，作文才能有深度、有广度、有高度、有力度。传统的作文教学实践也很重视思维的培养，但并没有教学生具体可操作的思维方法。导图的引入解决了这一问题。

运用思维导图的思维速射迅速打开写作思路，明确作文的主题，直观地把握写作要点之间的关系，做到思如泉涌、中心明确、收放自如。

（一）写作常遇到的问题

1.无话可说——没素材

2.文章内容空洞，不深刻

3.思路凌乱

4.离题——不知道先写什么后写什么，不知道哪个应该详细，哪些略写

（二）作文构思—六要素

构思六要素

（三）掌握四大思维模式——对症下药

1.发散性思维—灵感源泉

2.纵深性思维—内涵深度

3.收敛性思维—明确主题

4.全局性思维—引导方向

（四）思维导图写作的步骤

1.想

确定中心词为中心，发散、纵深思维，并画思维导图。通过联想的展开，由一事物作为触发点，延伸至熟悉的生活和知识领域。

2.选

用收敛思维对素材进行归纳分类整理，再用全局性思维考虑写作内容。

（1）写与不写，把不写的划去。

（2）详写与略写，分别标上"详"字与"略"字

（3）先写与后写，依序标上序号。

3. 写

写作过程一定要一气呵成，不可因其他事情（比如字不会写）而中断思路。

4. 修

修改是写作中必不可少的一个环节。

具体写作步骤通过思维导图整理思路如下：

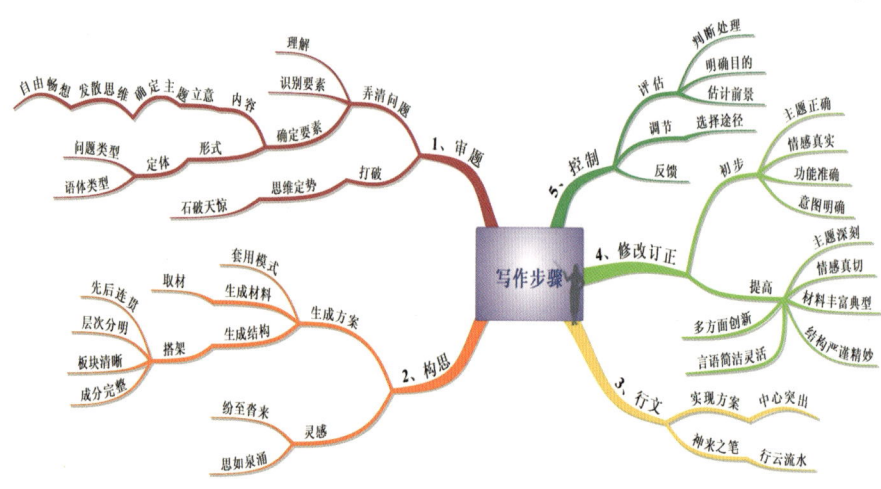

写作步骤

（五）构思步骤

举例：我们以"兔子"为主题来进行思维导图构思，整理思路。

1. 发散性思维——思维速射，打开灵感

确定"兔子"为中心词，进行思维发散。想到什么，就将自己想到的内容写下来。

2. 收敛性思维——归纳整理思路，确立主题

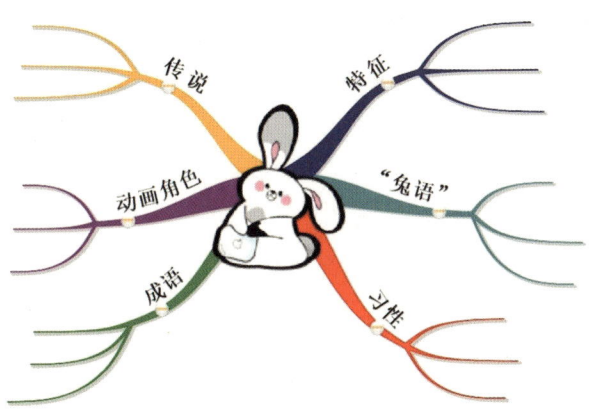

3.纵深性思维——立意立体，纵深挖掘

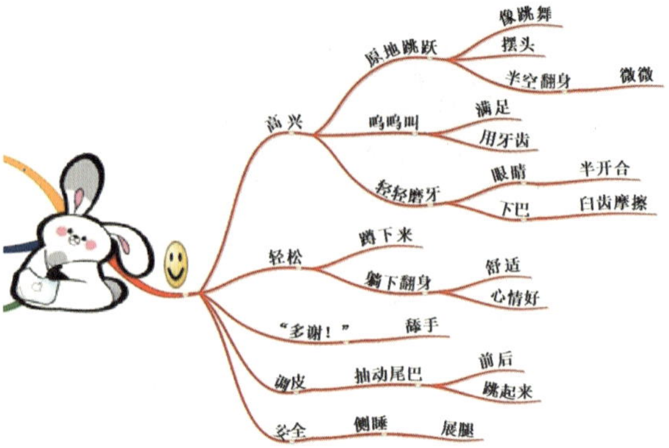

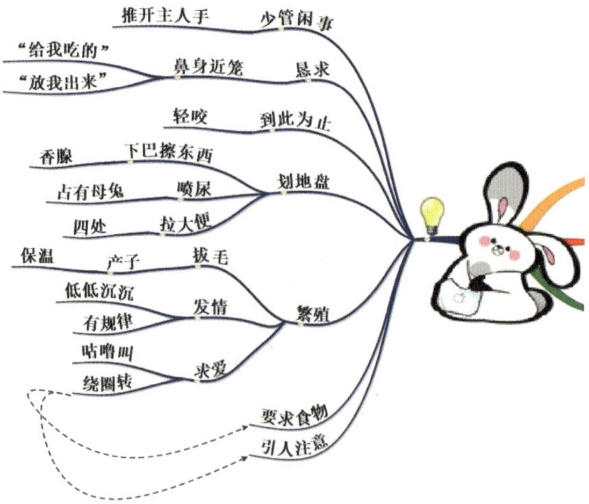

原地跳跃 — 像跳舞
摆头
半空翻身 — 微微

高兴
呜呜叫 — 满足
用牙齿

轻轻磨牙
眼睛 — 半开合
下巴 — 白齿摩擦

轻松 — 趴下来
躺下翻身 — 舒适
心情好

"多谢！" — 舔手

调皮 — 抽动尾巴
前后
跳起来

安全 — 侧睡 — 展腿

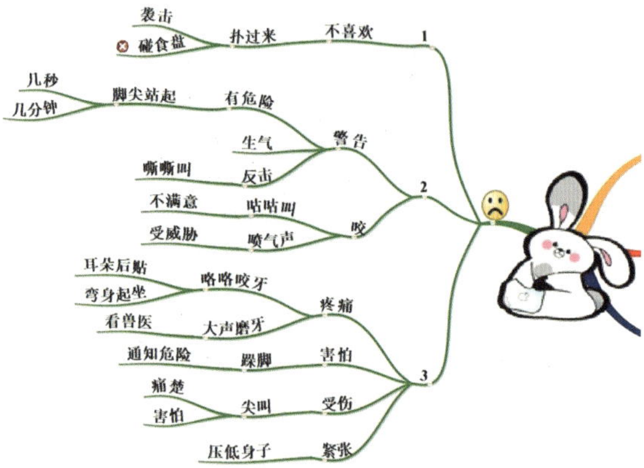

袭击
⊗ 碰食盘 — 扑过来 — 不喜欢 — 1

几秒
几分钟 — 脚尖站起 — 有危险

生气 — 警告

嘶嘶叫 — 反击
不满意 — 咕咕叫
受威胁 — 喷气声 — 咬 — 2

耳朵后贴 — 咯咯咬牙
弯身起坐 — 大声磨牙 — 疼痛
看兽医
通知危险 — 踩脚 — 害怕
痛楚 — 尖叫 — 受伤
害怕
压低身子 — 紧张 — 3

推开主人手 — 少管闲事

"给我吃的" — 鼻身近笼 — 恳求
"放我出来"

轻咬 — 到此为止

香腺 — 下巴擦东西
占有母兔 — 喷尿 — 划地盘
四处 — 拉大便

保温 — 产子 — 拔毛
低低沉沉
有规律 — 发情 — 繁殖
咕噜叫
绕圈转 — 求爱

要求食物
引人注意

作文构思导图合集

4. 全局性思维——整体构思，绘制大纲

"兔子"主题作文思维导图

二、我是大作家

我们了解了怎么用思维导图发散思维，打开思路，整体构思，确立主题。现在我们一起来了解一下不同的作文体裁，以及怎么用思维导图来帮助我们写作。

（一）作文体裁

1. 记叙文

记叙文是以记人、叙事、写景、状物为主，以写人物的经历和事物发展变化为主要内容的一种文体形式。

接下来我们通过思维导图来了解一下记叙文的基础知识。

（1）记叙文的六要素：人物、时间、地点、事件的起因、经过和结果。

（2）记叙文的人称：第一人称（真实可信）、第二人称（更加亲切）和第三人称（更加广泛）。

（3）记叙文的线索：人线、物线、情线、事线、时线、地线。

（4）记叙文的顺序：顺叙、倒叙、插叙、补叙、分叙（平叙）。

（5）记叙文的划分：按事件的发展过程、空间转换、内容变化、人物变化、场景变化、感情变化来划分。

（6）记叙文的表达方式：叙述、描写（肖像、语言、动作、心理、环境等；或正面、侧面的细节）议论、抒情、说明。

（7）记叙文的语言特点：形象、生动、具体。

（8）记叙文的表现手法：描写、衬托、渲染、对比、伏笔、铺垫、象征、比喻、以小见大、欲扬先抑、借景抒情、卒章显志、托物言志等。

（9）记叙文的句式（语气）：陈述句、疑问句、感叹句、祈使句。

表达方式

·叙述：把人物的经历和事物的发展变化过程表达出来的一种表达方式。它是写作中最基本、最常见、最主要的表达方式。

·描写：是对人物的外貌、动作，事物的性质、形态和景物的状貌、变化所作的具体刻画和生动描摹。

·说明：是用简明的语言客观而准确地解说事物或阐述事理的一种表达方式。

·抒情：是作者通过作品中心人物表达主观感受，倾吐心中情感的文字表露，可分为直接抒情、间接抒情两种。直接抒情即直抒胸臆。间接抒情是在叙述、描写、议论中流露出爱憎感情。

·议论：根据作品写出自己的见解或道理。记叙文中的议论往往起画龙点睛、深化中心，揭示记叙目的和意义的作用。

记叙文表达方式

　　了解了记叙文的基础知识和表达方式，我们一起来学习记叙文的写作模板。记叙文写作模型，共有六条主分支，包括人物、时间、地点、起因、经过和结果，如下图所示。

记叙文写作模板

　　如何进行记叙文写作？我们一起看看吧。

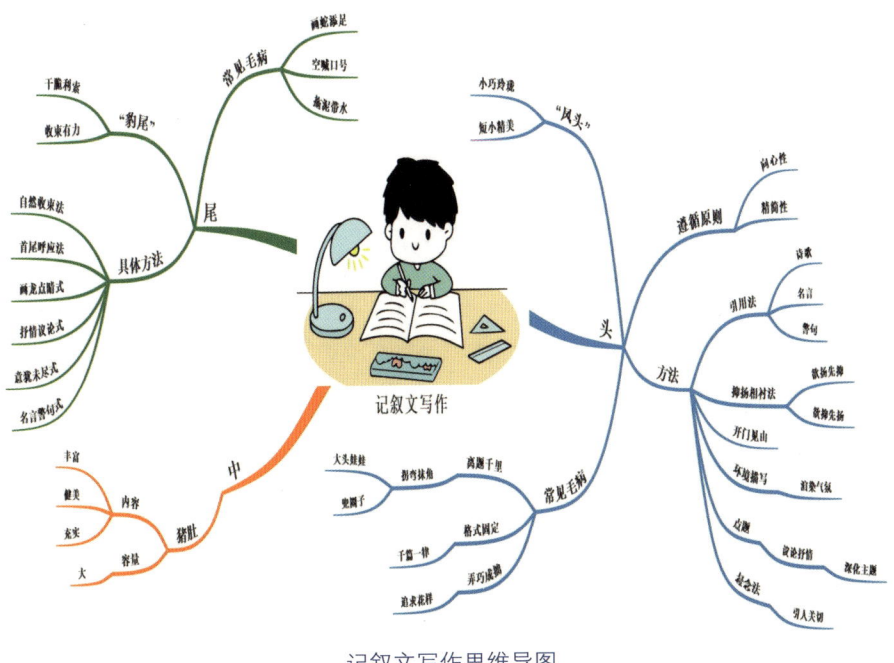

记叙文写作思维导图

2.议论文

议论文，又叫说理文，是一种剖析事理、论述事理，发表意见、提出主张的文体。作者通过摆事实、讲道理、辨是非、举例子等方法，来确定某观点正确或错误，树立或否定某种主张。议论文具有观点明确、论据充分、语言精练、论证合理、有严密的逻辑性的特点。

（1）议论文分类：立论文和驳论文

（2）议论文的写作三要素：论点、论据、论证

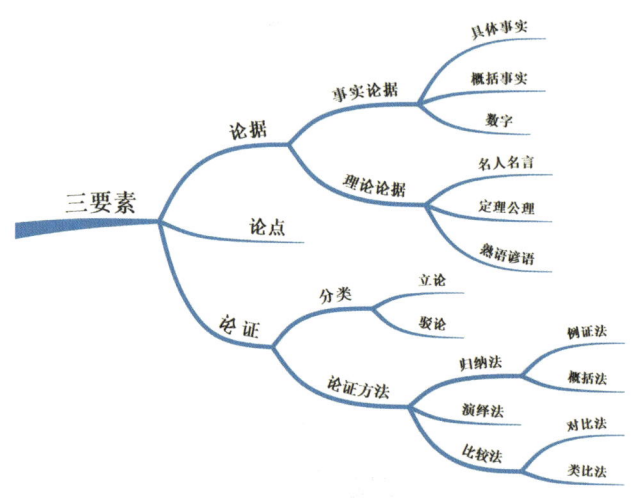

议论文写作三要素

（3）议论文写作结构

①故事式开头

②层进式结构

③点例法举例

④假设式分析

⑤深思式结尾

（4）议论文的论证方法

议论文的论证方法有以下几种：

①举例论证：列举确凿、充分、有代表性的事例证明论点，增强文章的说服力。

②引用论证：用经典著作中的精辟见解和古今中外名人的名言警句以及人们公认的定理公式等来证明论点，增强文章的权威性和说服力。

③对比论证：拿正反两方面的论点或论据做对比，在对比中证明论点；突出论证观点，让人印象深刻。

④比喻论证：用人们熟知的事物做比喻来证明论点。可生动形象地论证观点，使文章浅显易懂，易于理解和接受。

⑤归纳论证：用列举具体事例来论证一般结论的方法。

⑥演绎论证：也叫"理论论证"，它是根据一般原理或结论来论证个别事例的方法。

⑦类比论证：是从已知的事物中推出同类事例的方法。

⑧因果论证：它通过分析事理，揭示论点和论据之间的因果关系来证明论点。

（5）议论文写作模板

议论文写作模型，共有四条主分支，如下图所示。

议论文写作模型

3.说明文

说明文是一种以说明为主要表达方式的文章体裁。对客观事物作出说明或对抽象事理的阐释，使人们对事物的形态、构造、性质、种类、成因、功能、关系或对事理的概念、特点、来源、演变、异同等能有科学的认识，说明文的中心鲜明突出，文章具有科学性、条理性，语言确切生动。它通过揭示概念来说明事物特征、本质及其规律性。

按说明对象分类，把说明文分为事物说明文和事理说明文两大类。

·事物说明文：事物说明文旨在介绍某一事物的形体特征，例如：《核舟记》《恐龙》。语文课本上的《中国石拱桥》《海底世界》《苏州园林》《看云识天气》等等。

·事理说明文：事理说明文旨在解释事物本身的道理或内部的规律，如《敬畏自然》《大自然的语言》。

·不管是事物说明文还是事理说明文都要求作者对说明的对象进行真实的介绍。这其中，我们不难感受到文中的科学精神。事物说明文是对事物进行详细介绍的文体形式，而事理说明文是对道理进行详细介绍的文体形式，区别是前者针对事物，后者针对道理。说明文的说明对象是你要说明的事物。

现在我们一起来了解一下说明文的基础知识点。

说明文的结构一般有四种：

（1）总分式

事物说明文常用的结构形式：

①总—分，如《苏州园林》（先总体的概括，再分说。结尾没有总结性的语言）。

②总—分—总，如《故宫博物院》（先总体地概括，再具体来说，最后再总结）。

③分—总。

（2）并列式

文章各部分的内容没有主次轻重之分，例如培根的《论读书》，三个部分分别谈到了读书的目的、读书的方法、读书的好处，就是采用并列的结构。

（3）连贯式

各层之间按照事物发展过程安排层次，（时间为线索）前后互相承接。

（4）递进式

（事理说明文常用的结构形式）各层之间的关系是由浅入深、由表及里、由现象到本质。各层之间的关系是递进的。如《向沙漠进军》。

递进结构的主要形式有：①现象—本质；②特点—用途；③原因—结果；④整体—部分；⑤主要—次要；⑥概括—具体。

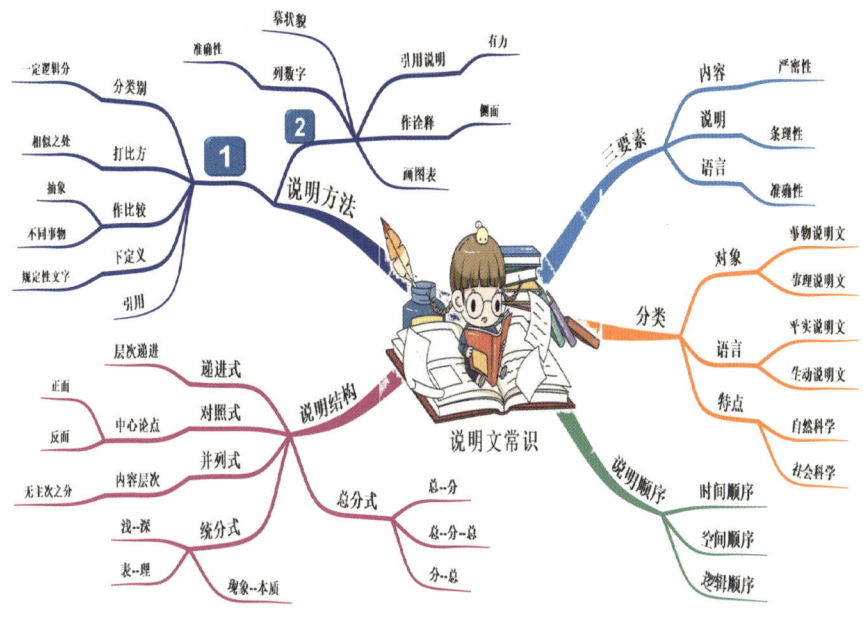

谢佳玲：说明文常识

在了解了说明文基础知识点后，我们一起看看说明文的写作模板。

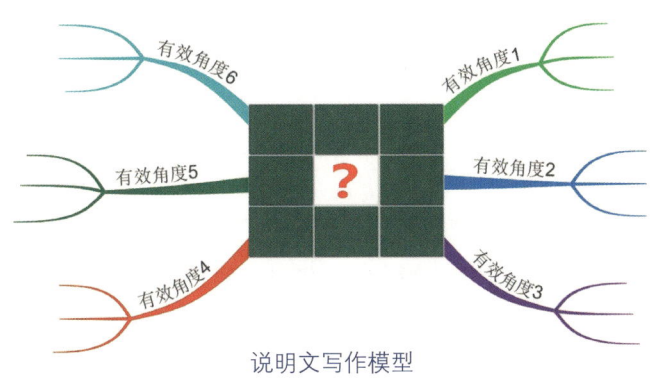

说明文写作模型

（二）怎么样写好作文

怎样写好作文

关于提高写作能力，还有很多方面可以去做，比如提升语言表达技巧，多阅读优秀的作品，多积累好词佳句和名言警句，随时随地记下你的灵感等等。以上也只是我们从"写作构思"角度讲解了思维导图在这方面的独特优势。这点也是写作过程中最重要的。写作的时候有了清晰的思路，有了整体的框架，再加上自己的积累和语言表达，写出高分作文就不是梦。

第四节　激发他人的思维

一、思维导图与活动培训

思维导图的优势在于能够对自己或他人的思维进行激发和整理，并通过图、文、线条等方式将思维可视化。我们可以通过自由联想来找到多种可能的解决办法，这也是思维导图的精髓所在。它始终围绕着中心图来展开思考，不至于偏题。就像我们放风筝一样，它飞得再高，线都拽在手里，是有线索关联的，通过思维导图让这个线索变得可视化，一目了然。所以思维导图经常在集体头脑风暴中使用，一起来看看思维导图做头脑风暴的四个步骤。

【步骤】

1. 思维速射（发散性思维）

画一个和问题相关并且具有激励作用的中心图，并明确我们想要达成的目标，根据问题的性质限定思维发散的时间。这个阶段要激发尽可能多的新想法和新创意，不要评估好坏，不要扼杀这些想法的出现。

2. 整合分类（收敛性思维）

我们会发散出很多的想法，这些想法繁多，感觉会有些混乱。那么我们可以先把这些想法进行整合分类，化繁为简。

3. 深入细节（发散、纵深性思维）

整合内容后进行筛选，可根据每个类别中的主干内容，确定重点，再把重点细化（感受思维的广度和深度）。在思考的过程中，思维导图也会跟着我们的思绪来探索想法，以新的想法取代旧的想法。

4. 把握整体（全局性思维）

把我们萌生出的所有想法在大脑中复盘，大脑会对前面的内容有个全新的感性认识，然后整合所有的信息，快速地创作一幅思维导图。

◆案例分享

公司在年底要举办一场年会，针对本次年会活动，要做哪些准备呢？接下来，通过思维导图来进行活动策划。

1. 思维速射：针对即将举办的年会，以"航航"作为中心图进行思维发散，尽可能多地去发散，想到什么就写什么，不必有顾虑和思想负担。

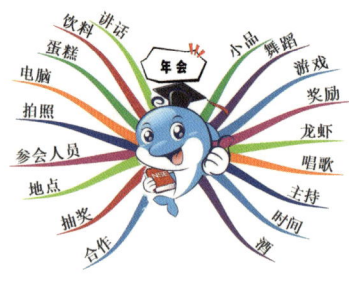

年会活动

2. **整合分类**：将发散出来的想法进行分类整合，化繁为简，年会活动渐出眉目。

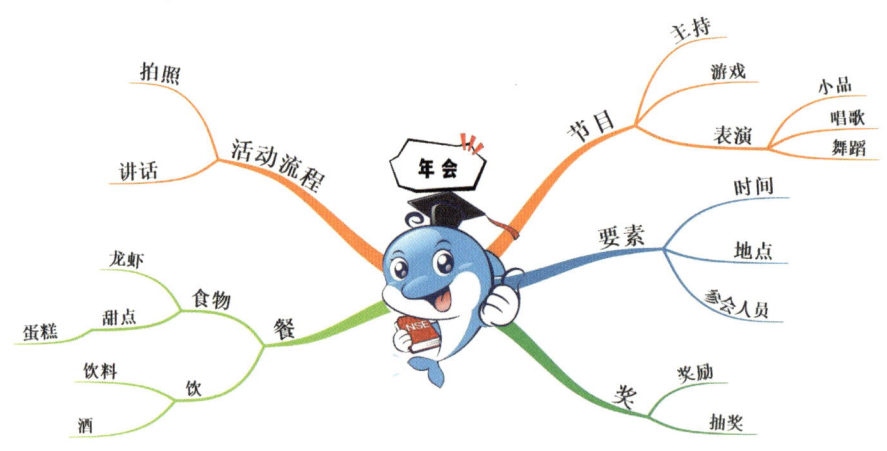

年会活动 1

3. **深入细节**：根据整合出来的想法，将内容继续发散，也可深入细节。

例如：举办年会的时候，我认为年会流程还是很重要的，所以就先提取出来。因为思维速射时内容比较少（橙色分支部分），所以我就先进行发散（蓝色分支部分）。在大脑中构建一个年会现场，假如我去参加年会，到了目的地我会先做什么呢？那一定是先入场。这么重要的时刻一定是值得纪念的，接着就是拍照啦。距离正式开始还有一些时间，可以自由活动……顺着这个思路，将后续的流程发散梳理完成。要深入细节，仅仅是发散还不够，还要深入细节去思考（粉色分支部分）。其余内容也是按照此方式去发散和深入。

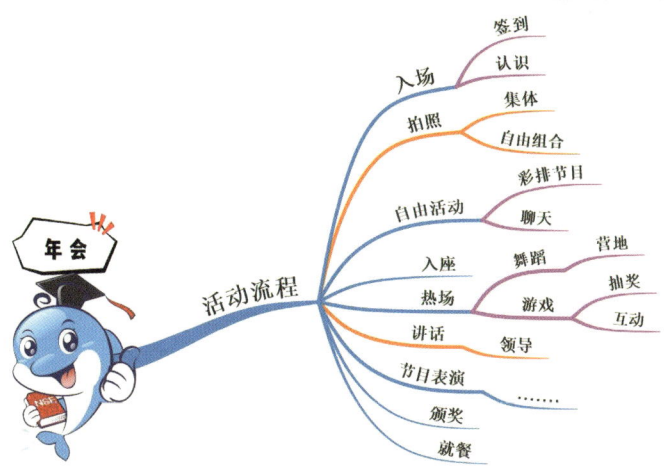

年会活动流程

4. 把握整体：把我们萌生出的所有想法在大脑中复盘，对整个年会活动会有一个新的认识，整合所有信息，创作出最终的导图。

年会活动策划

◇案例二：新启航助教培训

本周要进行为期两天的助教培训，整个过程中又要做些什么呢？一起来尝试。

针对此次培训，我从三个方面去思考：培训前、培训中、培训后。培训前的准备——上课、资料、礼物。培训中按照时间段来思考——第一天、第二天。培训后要进行打卡和交流。

助教培训流程

二、头脑风暴，集体思维导图

享受头脑风暴、团队合作的乐趣。

波音公司的案例——

波音公司在设计波音 747 时，使用了这种高效的思维工具——思维导图。

据波音公司参与设计的工程人员讲，如果使用传统的方法，设计波音 747 这样大型的项目要花费六年时间，使用了思维导图以后，他们只用了六个月就完成了设计，还帮助他们节省了 1100 多万美金。

在学校里，集体导图可以让我们节约时间，提升效率，在最短的时间内完成任务，取得优秀的考试成绩以及最佳的比赛结果。

（一）集体导图制作可以帮助我们

1.感受团结协作的乐趣，分工协同，相互合作，在团队中成长。

2.培养集体思维能力，个人的想法可能会有局限性，如果团队中的每个人都能分享出自己的想法，那集体思维相互碰撞，擦出火花，萌生"新的集体思维"。

3.提升集体策划讨论能力，团队合作中要综合集体的想法，需要不断讨论策划，选取合适可行的内容。

4.增强集体学习能力，集体导图制作中，发挥每个人的特长，可以让我们的协作更加顺利，同时，也可以"取人之长，补己之短"。

（二）如何绘制集体导图？

1.各自完成自己的导图。根据同一个主题，让每一个人都有时间充分思考，并全面完整展现想法。

2.集体讨论，合并所有人的思想。绘制一张包容所有人想法的集体导图。在重新思考讨论的过程中，让灵感进行交流并得到进一步提升。

3.由一位主要的会议负责人总结会议，也可以再次讨论，并完成集体导图，可依情况而定。

（三）集体导图的制作步骤

1.确定中心主题（小组成员共同商量后选择一个主题）。

2.小组成员独立思考并制作个人导图（根据既定主题，进行发散性思考，初步形成自己的导图，记录想法——导图草稿）。

3.集体讨论合并思想（汇聚团队的想法，整合全部内容，开启"新思维"，定初稿）。

4.明确分工（根据小组成员的特长，把控时间，合理分配绘制工作）。

5.完成集体导图。

举例：

1.定主题。小组成员商量讨论后，从以下主题中选取一个。

A. 发明家　　　　B. 旅行计划　　　　C. 五十年后的自己　　D. 集体生活

E. 火星撞地球　　F. 外星人占领地球　G. 机器人　　　　　　H. 邮递员

I. 一封信　　　　J. 模型　　　　　　K. 新时代　　　　　　L. 保护地球

M. 万能兑换券　N. 直播新角度　　　O. 逆行　　　　　　P. 导演

2.选好主题。接下来小组成员进行发散思考，形成自己的导图。

例：以下是其中两位组员围绕"保护地球"进行的导图发散构思，他们思考的角度不同，最后的结果也有所不同，当然也有重合的地方，一起来看一看。

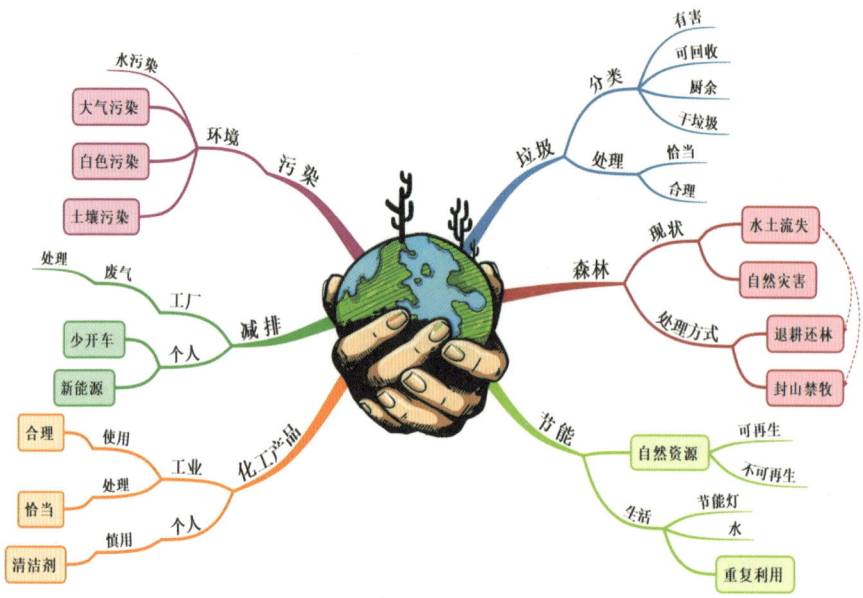

保护地球（一）

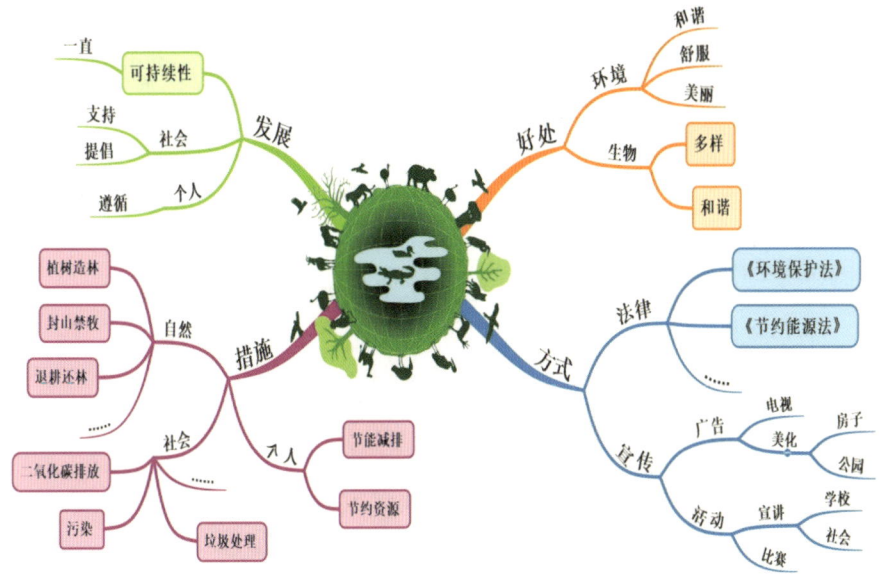

保护地球（二）

3.集体讨论合并思想。综合每个成员的发散构思，根据 BOIS 分类阶层进行整合，然后进行集体讨论，定初稿，留思考的空间——省略号部分。大框架确定后，接下来再次讨论，深入细节，进行发散整合，完善内容。

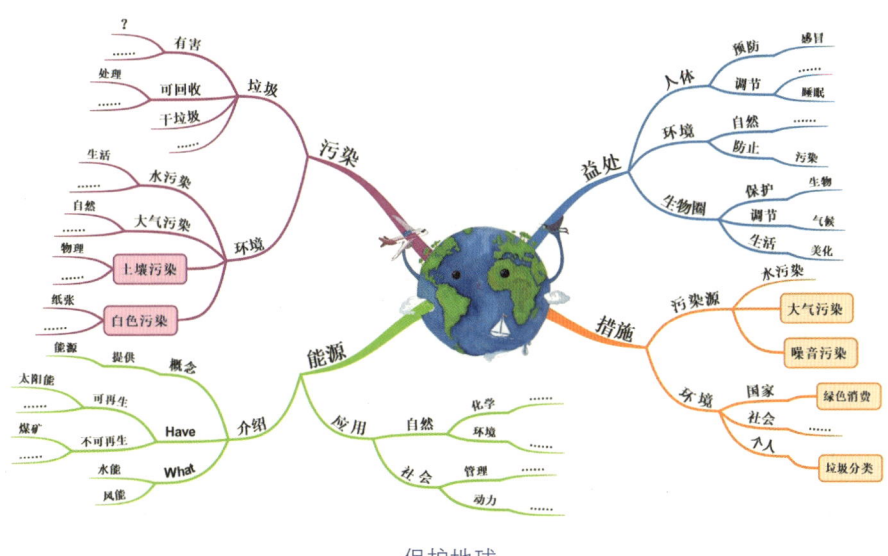

保护地球

4.集体导图的要领——明确分工（根据小组成员的特长、把控时间，合理分配绘制工作，具体分配情况，可参考下图）。

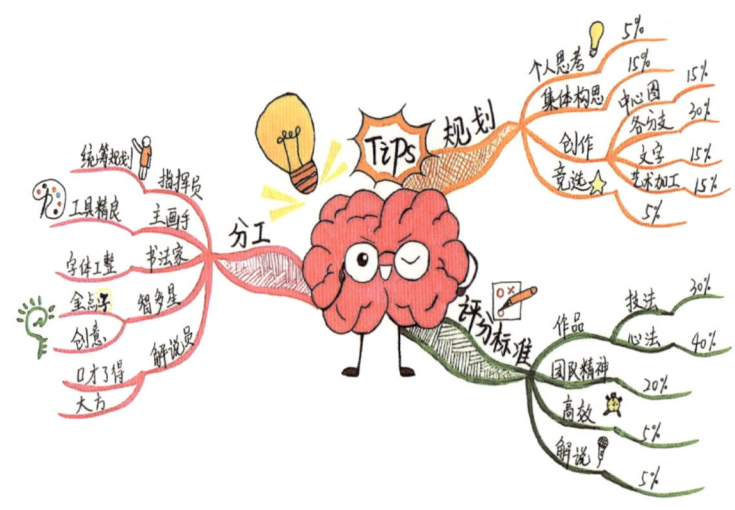

集体思维导图要领

5.完成集体导图。

（四）集体导图的好处

1.在团队合作过程中，可以促使我们展开集体的研究性学习。

2.有利于团队精神的建立，促使每个小组成员都能体会到一种归属感。

3.充分发挥小组成员的出谋划策与创造性思维的力量，给予小组成员们公平展示的机会。

4.聚集个人独特的眼光与知识，合并在一起。在这个流程当中，个人的大脑会把各自的能量合并起来，创造出一个完美的"集体大脑"。

新启航合肥学员集体导图成果展示

新启航四川学员不同主题集体导图成果展示

新启航成都学员集体导图成果展示

新启航安徽学员不同主题集体导图成果展示

第五章

硕果累累
——
思维导图成果展示

一、学科主题导图

谢佳玲 / 语文《桃花源记》

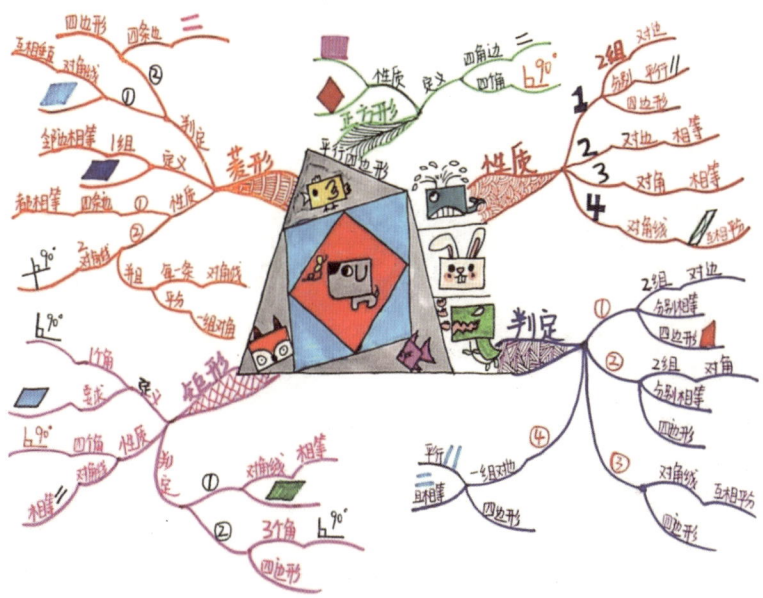

谢佳玲 / 数学《平行四边形》

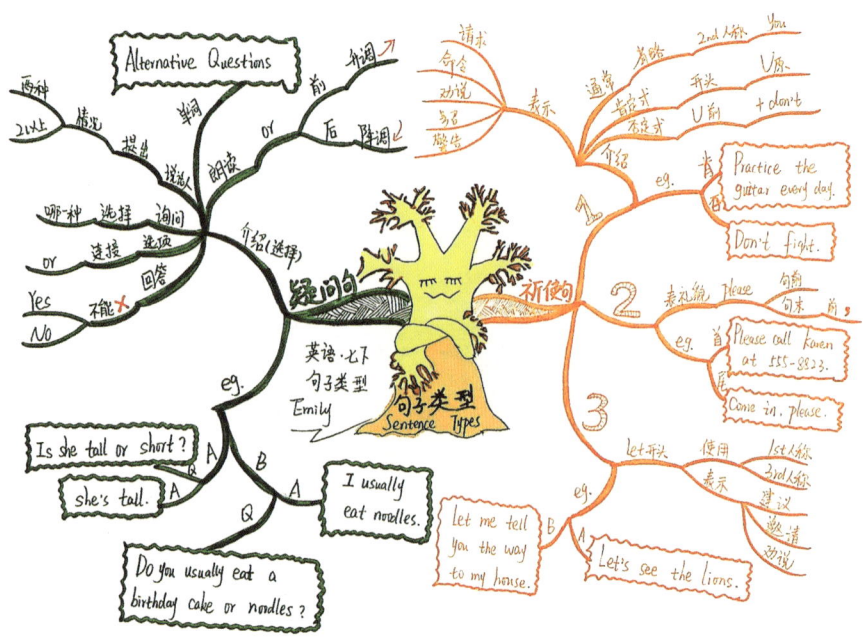

王维 / 英语《句子类型》

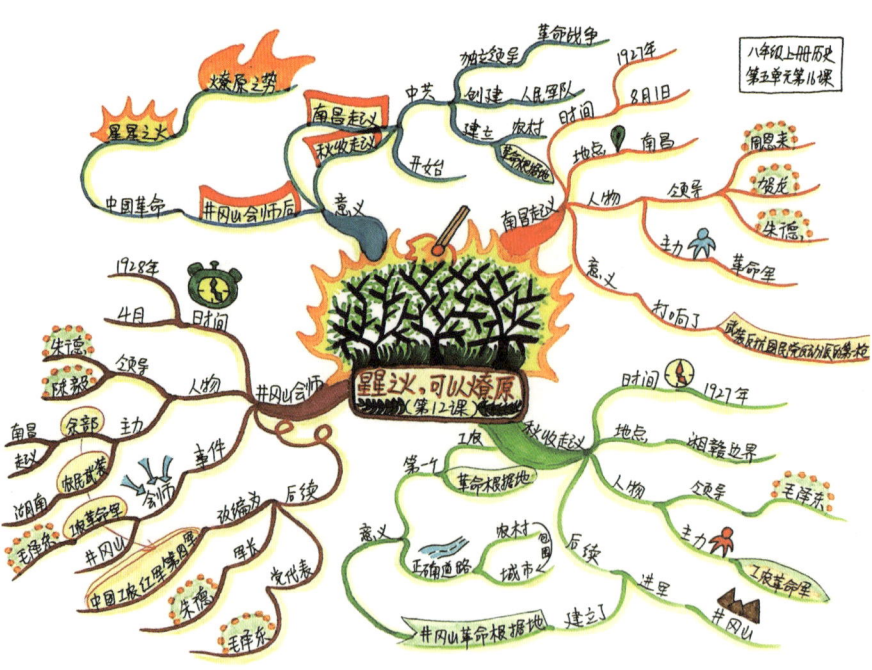

石英力 / 历史《毛泽东开辟井冈山道路》

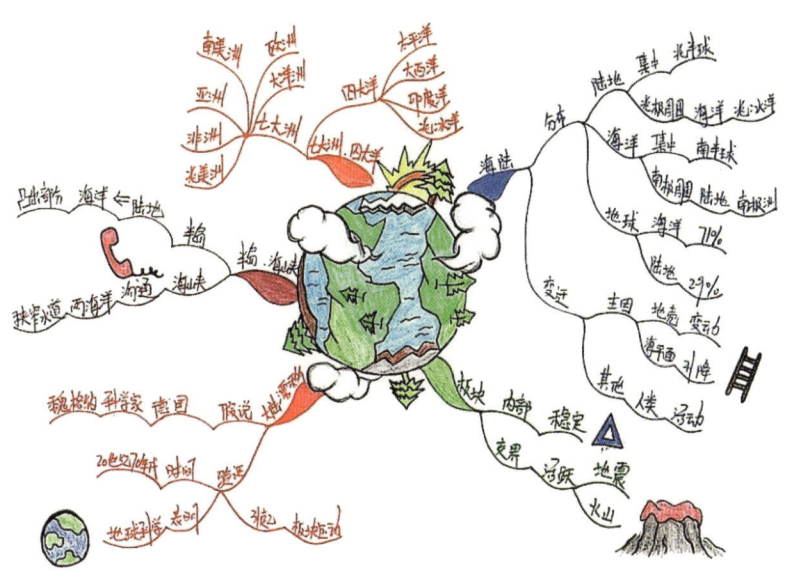

梁秋芳 / 地理《陆地与海洋》

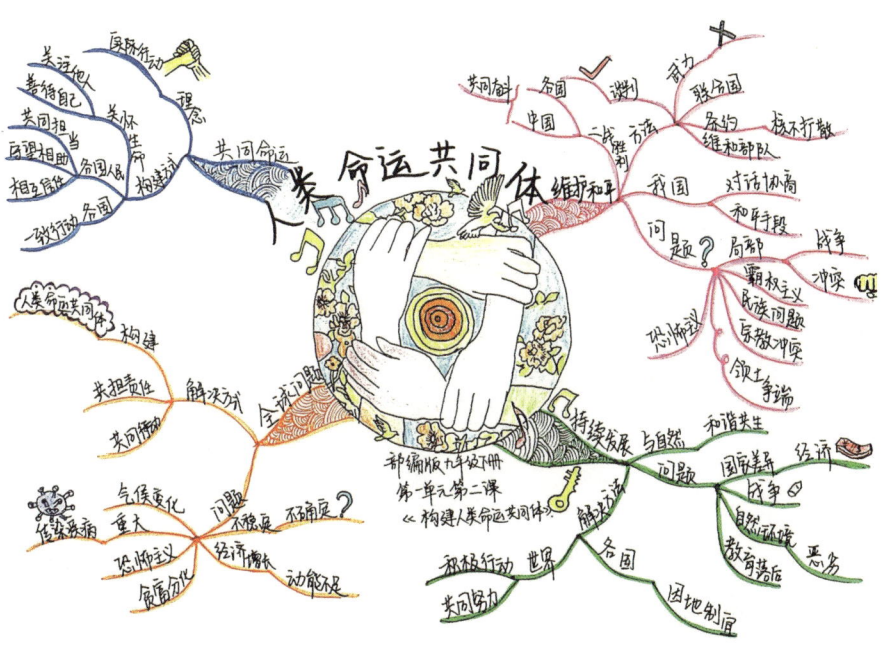

罗小利 / 政治《人类命运共同体》

李莎 / 物理《压强》

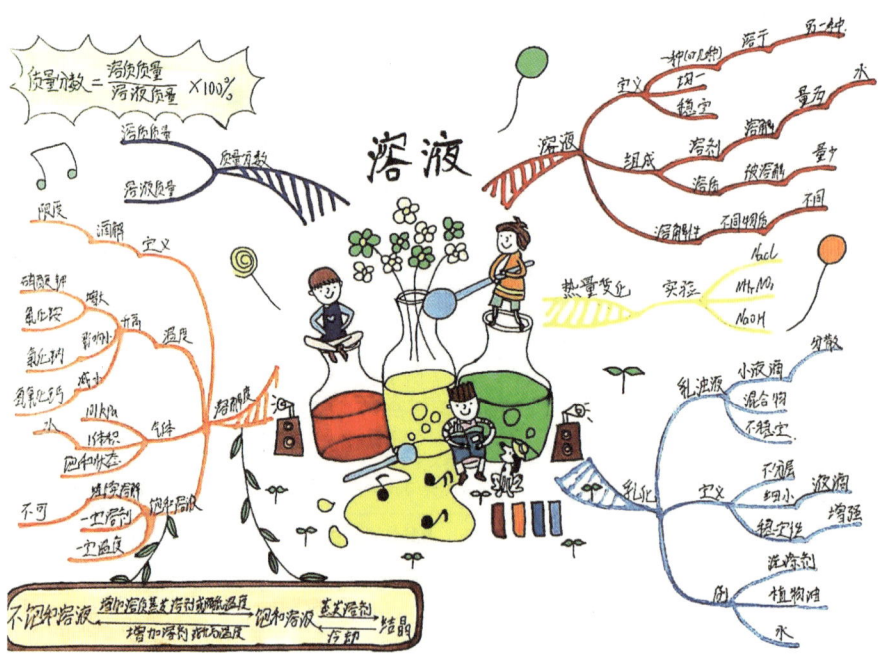

朱云霞 / 化学《溶液》

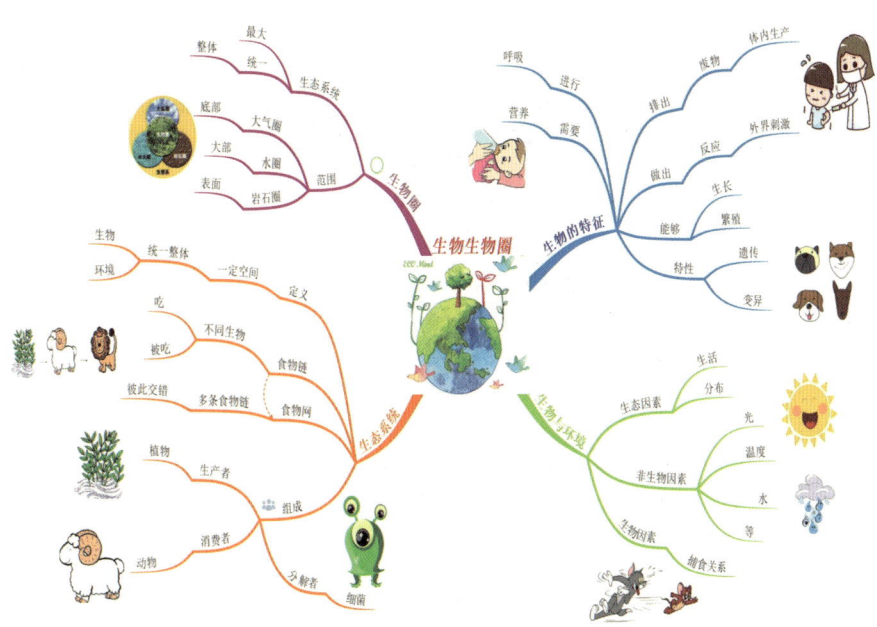

翟萌萌 / 生物《生物与生物圈》

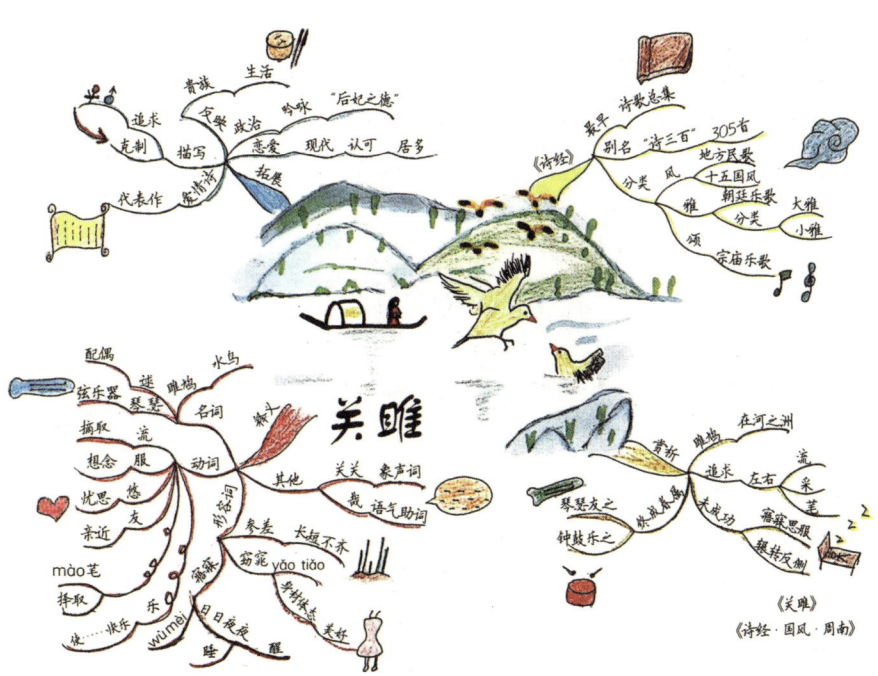

石艳 / 中学古诗《关雎》

独坐敬亭山
唐 李白
众鸟高飞尽，
孤云独去闲。
相看两不厌，
只有敬亭山。

梁秋芳 / 全图古诗思维导图《独坐敬亭山》

过故人庄
(唐)孟浩然
故人具鸡黍，邀我至田家。
绿树村边合，青山郭外斜。
开轩面场圃，把酒话桑麻。
待到重阳日，还来就菊花。

谢佳玲 / 全图古诗思维导图《过故人庄》

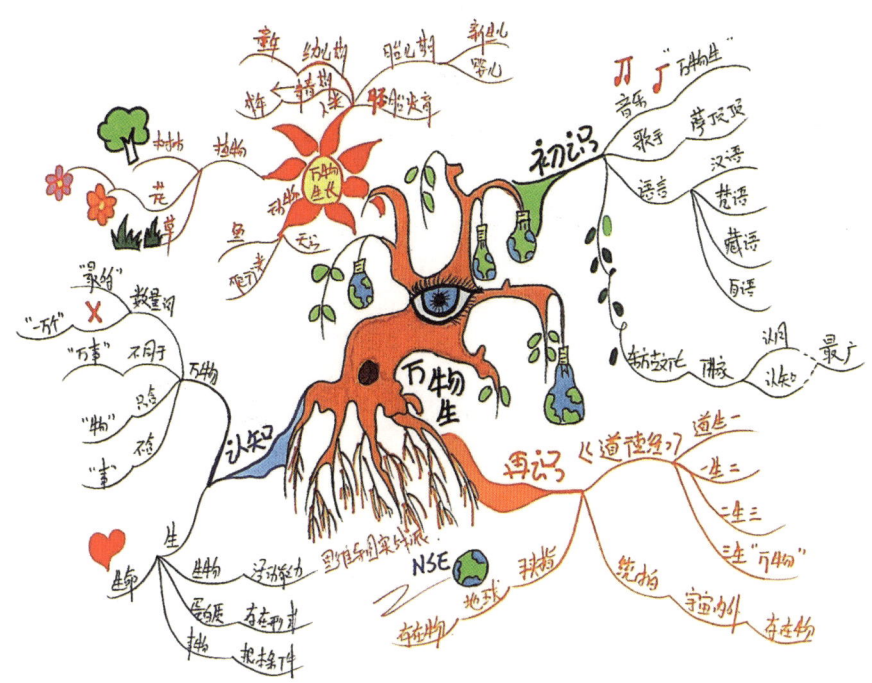

梁秋芳 / 国学经典

冯琳 / 高考作文《再回眸——我看高考》

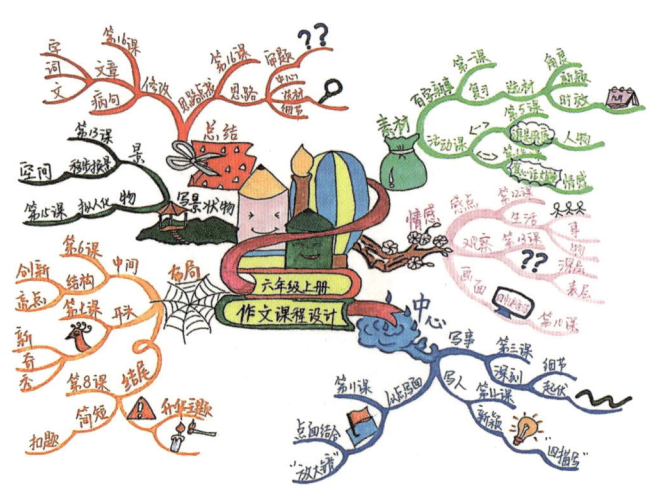

罗小利 / 作文课程设计

二、学员应用导图

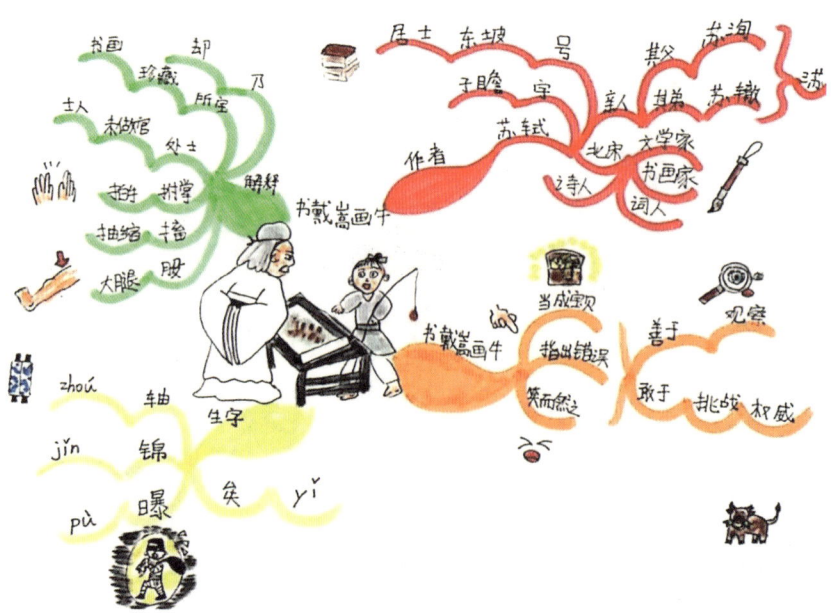

王梓淇 /《书戴嵩画牛》

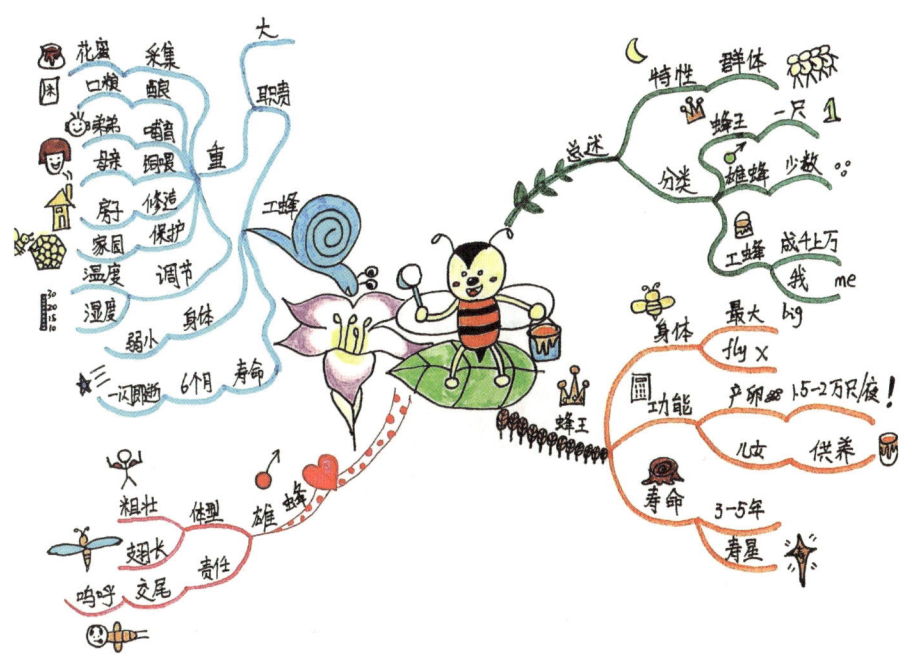

崔乐妍/《蜜蜂》

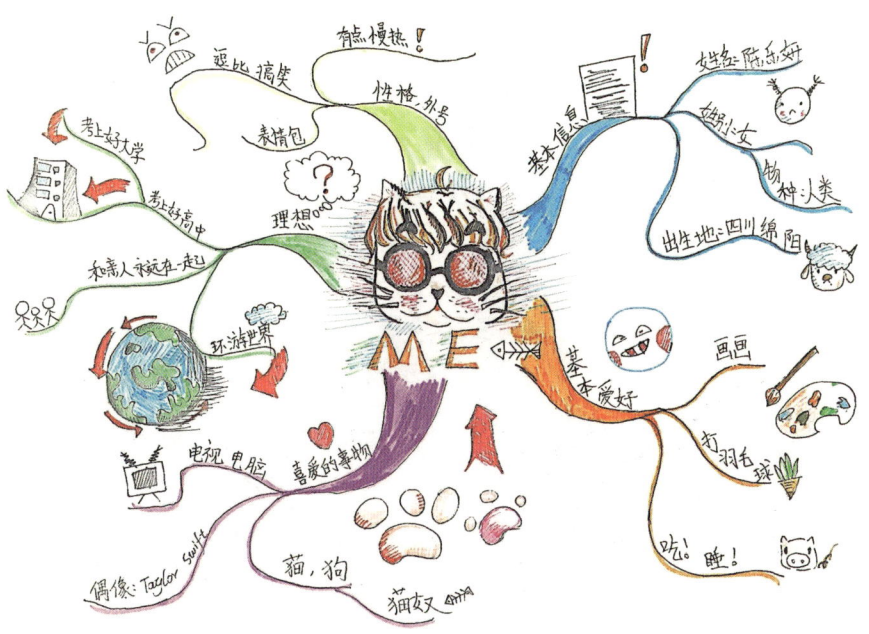

陈乐妍/自我介绍

三、节日主题导图

邓颖 / 清明节

邓颖 / 母亲节

罗小利 / 世界读书日

四、家庭教育主题导图

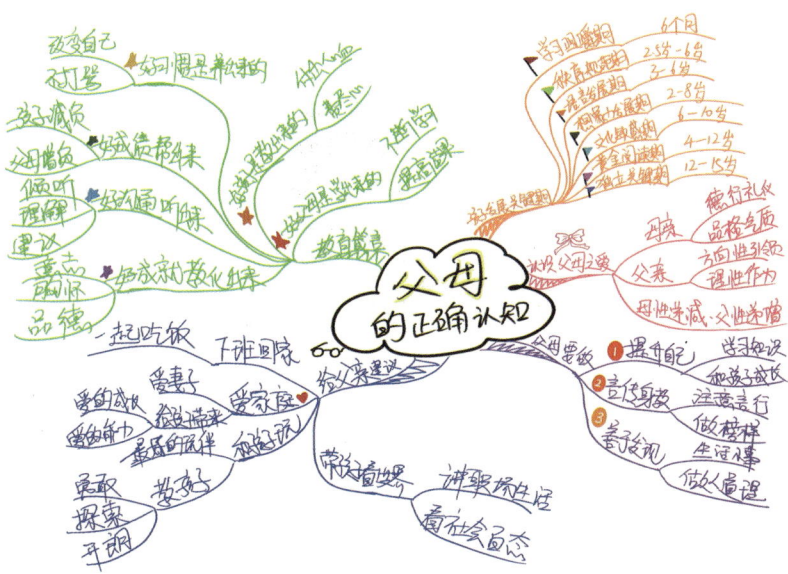

王春丽 / 父母的正确认知

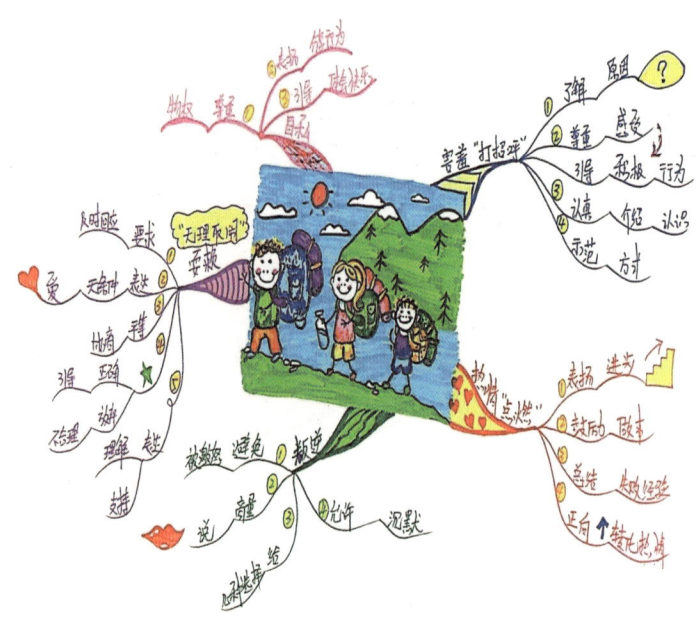

梁秋芳 / 接纳孩子的真实感受

张小丽 / 妈妈知道怎么办

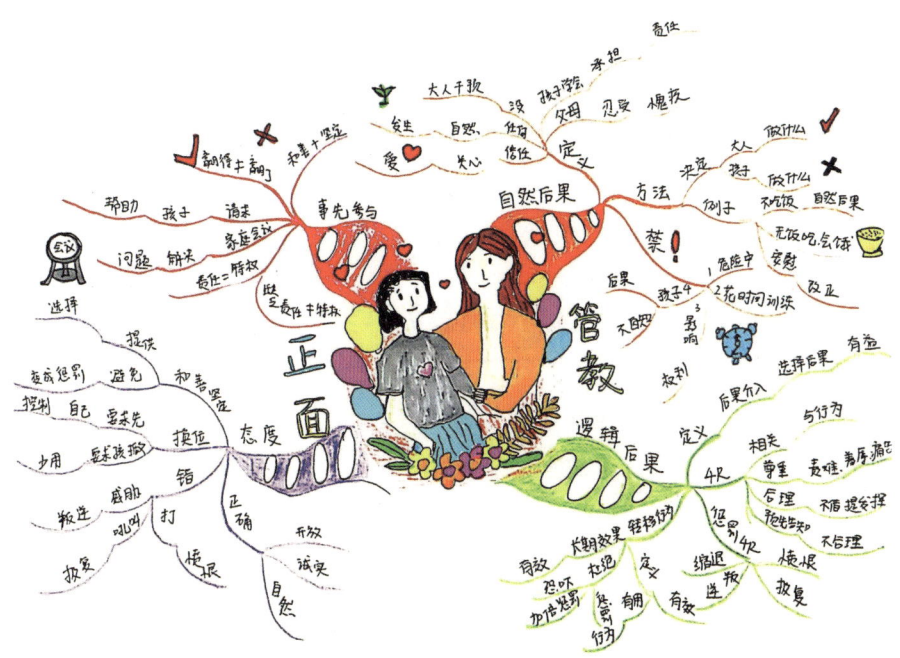

张小丽 / 正面管教

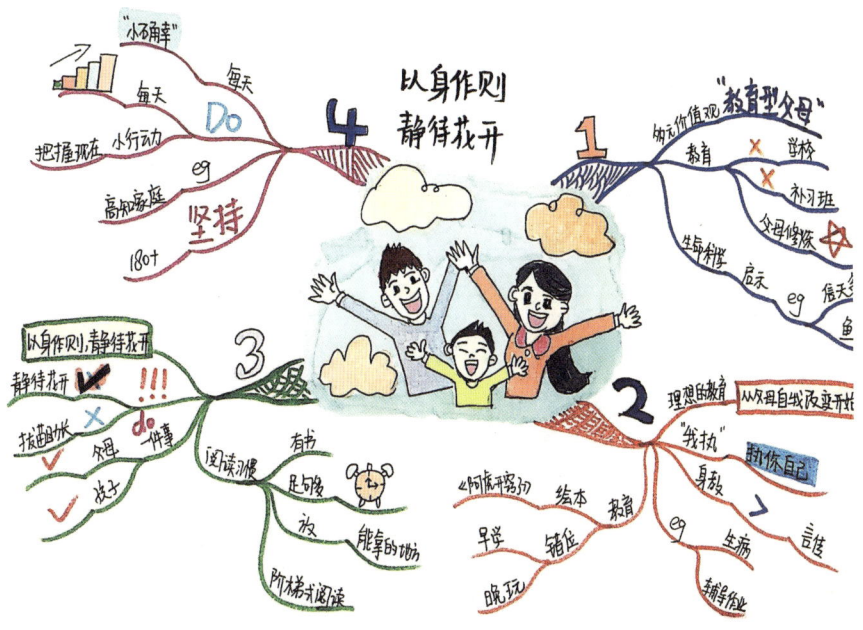

谢佳玲 / 以身作则，静待花开

李莎 / 中学生学习深层原因

五、阅读主题导图

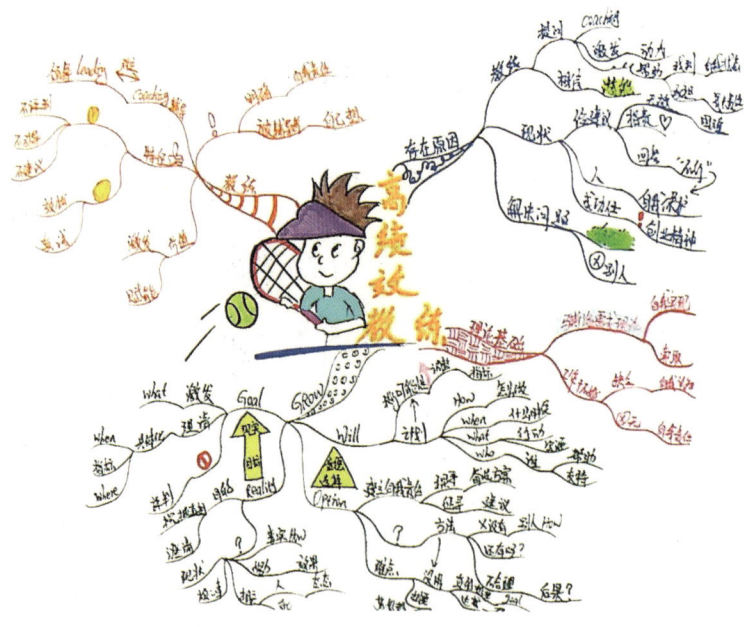

石艳 / 高绩效教练

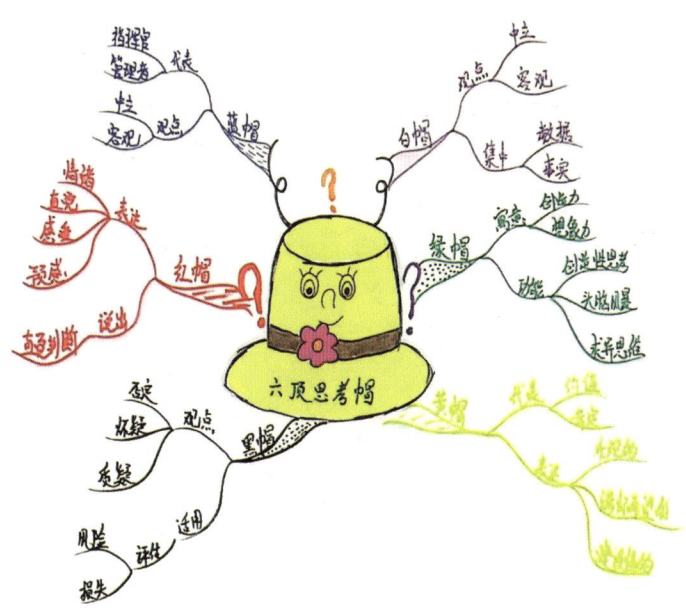

石艳 / 六顶思考帽

梁秋芳 / 如何认识懒惰

梁秋芳 / 午睡的好处

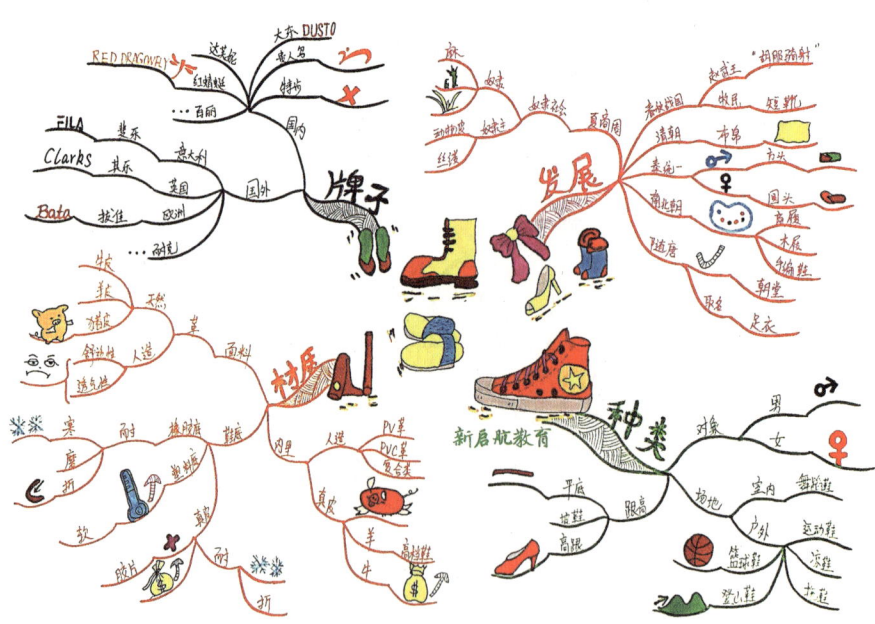

王维 / 鞋子的历史

翟萌萌 / "一带一路" 主题演讲

王维 / 高效能人士的七个习惯

六、职场主题导图

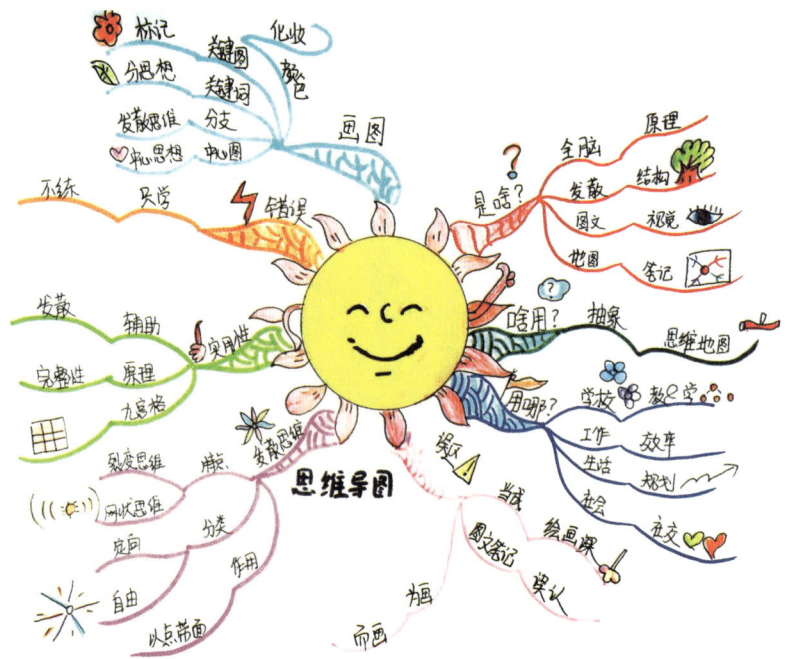

唐霞 / 思维导图教学

王维 / 旅行计划

王维 / 出差准备

王维 / 月工作计划

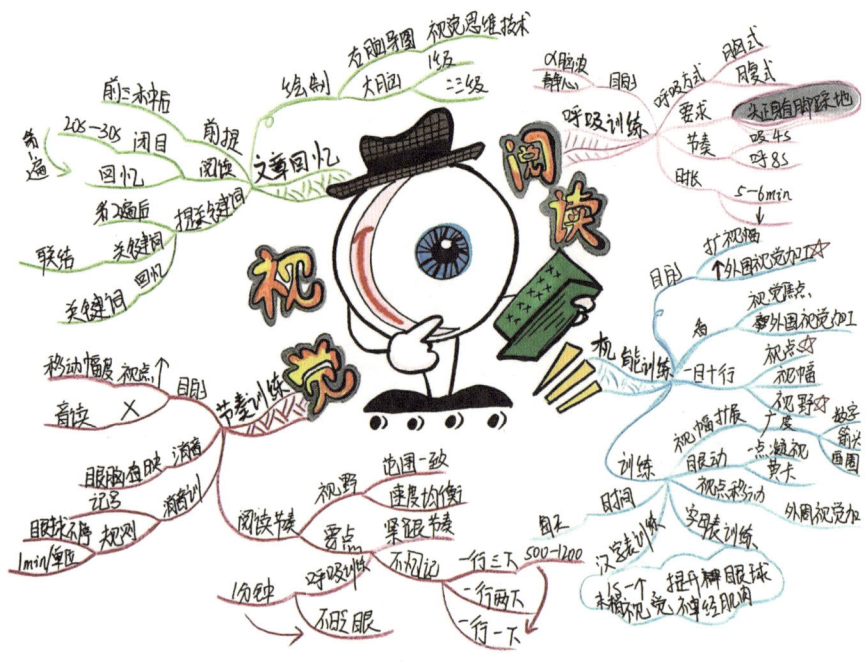

邓颖 / 视觉阅读课程教案

十年磨一剑

——思维导图训练

21 天训练计划 1/21

【今日主题】发散练习

请拍照找出生活中具有发散性的事物，比如花朵的花瓣是向外发散的；拍下之后请对拍摄的事物进行描述，指出事物发散的点。（至少 2 幅）

21 天训练计划 2/21

【今日主题】图像能力

请将你的家乡名称用绘图的方式呈现出来，锻炼我们图像转换的能力，比如老师的家乡是宜宾，我就想到了"一"和"冰"，画出的图就是一块冰。期待大家富有创造力的图像哟！

21 天训练计划 3/21

【今日主题】分类练习

你能将以下混在一起的东西进行分类整理吗？动手试一试！思考一下能不能进行进一步细化的分类。（以下导图仅供参考答案）

阳光　吹风机　冰箱　橡皮擦　沙发　薯条　铅笔　巧克力

空调　手机　可乐　冰红茶　书桌　雨水　咖啡　订书机　乌云

物品分类

21 天训练计划 4/21

【今日主题】联想开花

请以"假期"为中心词，围绕"假期"进行 3 分钟计时发散联想练习。利用导图中心结构类型，在中间写上中心词"假期"，并画出曲线，在线上写出由"假期"发散的词，并计算总个数。

21 天训练计划 5/21

【今日主题】联想接龙

以"目的"为开始关键词，一个接一个连续不断地自由地去联想，一直到 30 个词汇为止。例如：目的—靶子—飞镖……

21 天训练计划 6/21

【今日主题】自由的线条

请在一张白纸上画出不同类型的优美的曲线，就像思维导图结构一样，富有优美动感的曲线是我们大脑喜欢的线条。期待各位同学的创意线条。

21 天训练计划 7/21

【今日主题】第一周打卡总结

第一个 7 天，为坚持的自己点赞。请将 7 天打卡的内容、你的心情、你的感受、你的收获、你的进步、你的不足等等用思维导图进行总结。

21 天训练计划 8/21

【今日主题】基础形图像设计

观察以下图形是由哪些基础图形所构成的，并备注在旁边。

请采用基础形形状组合（方形和三角形）绘制一所房子。

21 天训练计划 9/21

【今日主题】创意主干设计

思维导图主干设计：导图主干一般是由粗到细，但是根据不同的用途和内容可以进行创新，请将"旅行""星空""春""机械"作为主干词设计创意主干。

21 天训练计划 10/21

【今日主题】中心图创意设计

请将"未来计划""时间管理""合作"三个主题，用思维导图中心图表达出来，并且需要搭配上色彩哟！

21 天训练计划 11/21

【今日主题】BOIS 系统思考练习 1（位阶技术）

假设你朋友即将过生日，你们几个同学打算为他筹备一个生日派对。请用思维导图的形式思考并绘制出需要准备的东西。在思考的过程中充分运用功能性位阶，让你的思考变得更全面。（以下导图仅供参考答案）

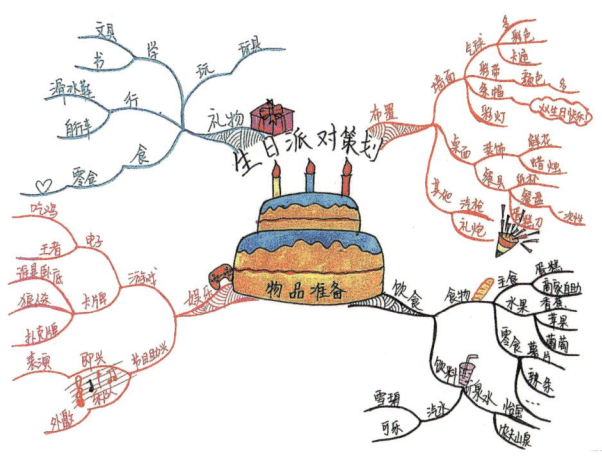

生日派对策划

【今日主题】BOIS 系统思考练习 2（位阶技术）

分类再分类技巧与创意思考：梳子可以拿来干什么？用思维导图的方式将你想到的方式罗列出来。在思考的过程中充分运用功能性位阶，让你的思考变得更全面。（以下导图仅供参考）

梳子作用

21 天训练计划 13/21

【今日主题】思维呈现

任务一：以"我"为关键词，进行联想开花和联想接龙，每个限时 3 分钟，记录总个数，并算出每分钟多少个。

任务二：将你的优点用思维导图整理并呈现出来。

21 天训练计划 14/21

【今日主题】第二周打卡总结：请将这 7 天打卡的内容、你的心情、你的感受、你的收获、你的进步、你的不足等等用思维导图进行总结。

21 天训练计划 15/21

【今日主题】导图规则常看常新

工欲善其事必先利其器，想要画好导图，首先需要明确导图的构成及绘制规则。请仔细观察示例导图，然后根据自己对导图的理解，绘制一幅思维导图规则导图。

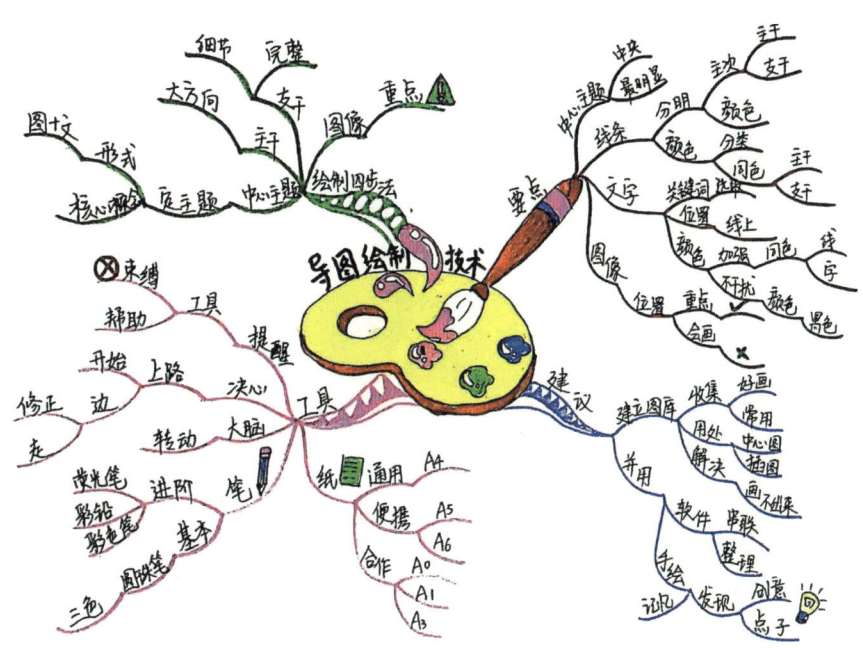

21 天训练计划 16/21

【今日主题】文学常识信息整理

请用思维导图形式归纳整理下列文学常识信息。

鲁迅，原名周树人，字豫山，后改豫才，曾留学日本仙台医科专门学校（肄业）。浙江绍兴人。著名文学家、思想家、民主战士，五四新文化运动的重要参与者，中国现代文学的奠基人。毛泽东曾评价："鲁迅的方向，就是中华民族新文化的方向。"其代表作品有：小说集《呐喊》《彷徨》《故事新编》等。散文集《朝花夕拾》，散文诗集《野草》，杂文集《华盖集》《南腔北调集》《三闲集》《二心集》《而已集》《且介亭杂文》等。

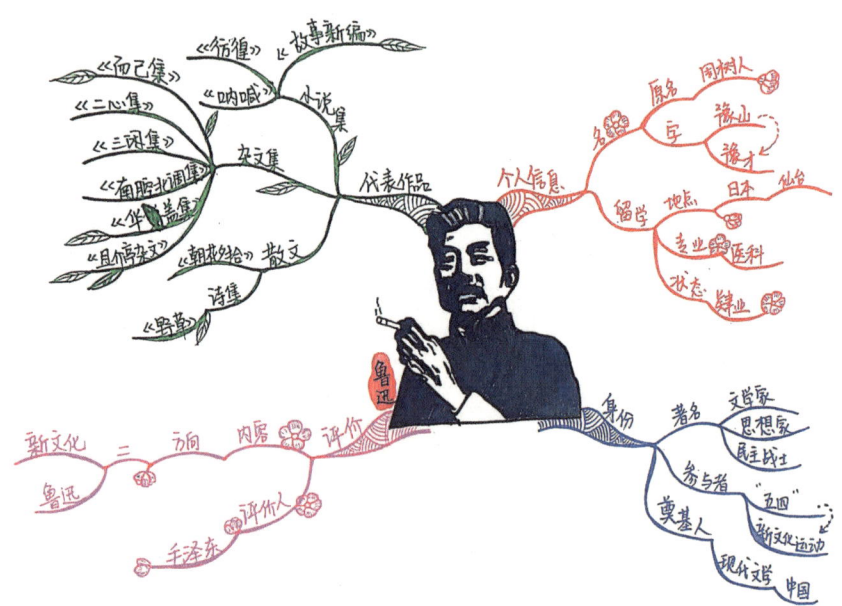

21 天训练计划 17/21

【今日主题】诗词分析

同学们在绘制的时候可以从诗词内容入手，也可从文学常识、内容、注释、赏析等方面进行分析。可用全图思维导图，也可用图文思维导图。可参考以下导图。

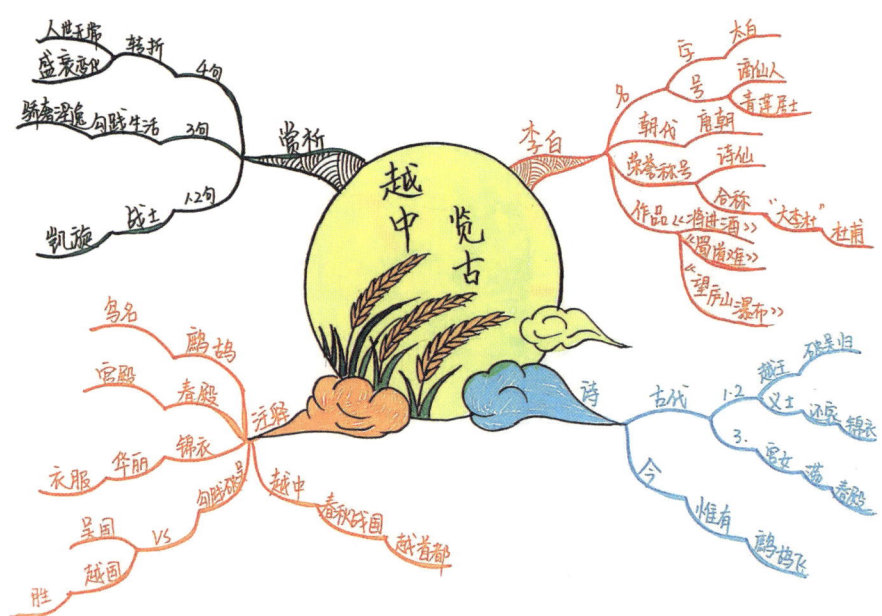

【今日主题】文章分析 1

请选择自己课本上面的一篇文章进行思维导图文章分析。如果没有合适文章的，可以用下面的文章。

桂林山水

人们都说："桂林山水甲天下。"我们乘着木船荡漾在漓江上，来观赏桂林的山水。

我看见过波澜壮阔的大海，观赏过水平如镜的西湖，却从没看见过漓江这样的水。漓江的水真静啊，静得让你感觉不到它在流动；漓江的水真清啊，清得可以看见江底的沙石；漓江的水真绿啊，绿得仿佛那是一块无瑕的翡翠。船桨激起的微波，扩散出一道道水纹，才让你感觉到船在前进，岸在后移。

我攀登过峰峦雄伟的泰山，游览过红叶似火的香山，却从没看见过桂林这一带的山。桂林的山真奇啊，一座座拔地而起，各不相连，像老人，像巨象，像骆驼，奇峰罗列，形态万千；桂林的山真秀啊，像翠绿的屏障，像新生的竹笋，色彩明丽，倒映水中；桂林的山真险啊，危峰兀立，怪石嶙峋，好像一不小心就会栽倒下来。

这样的山围绕着这样的水，这样的水倒映着这样的山，再加上空中云雾迷蒙，山间绿树红花，江上竹筏小舟，让你感到像是走进了连绵不断的画卷，真是"舟行碧波上，人在画中游"。

《桂林山水》

21 天训练计划 19/21

【今日主题】文章分析 2

请选择自己课本上面的一篇文章进行思维导图文章分析。如果没有合适文章的，可以用下面的文章。

四季之美

春天最美是黎明。东方一点儿一点儿泛着鱼肚色的天空，染上微微的红晕，飘着红紫红紫的彩云。

夏天最美是夜晚。明亮的月夜固然美，漆黑漆黑的暗夜，也有无数的萤火虫翩翩飞舞。即使是蒙蒙细雨的夜晚，也有一只两只萤火虫，闪着朦胧的微光在飞行，这情景着实迷人。

秋天最美是黄昏。夕阳斜照西山时，动人的是点点归鸦急急匆匆地朝窠里飞去。成群结队的大雁，在高空中比翼而飞，更是叫人感动。夕阳西沉，夜幕降临，那风声、虫鸣，听起来也愈发叫人心旷神怡。

冬天最美是早晨。落雪的早晨当然美，就是在遍地铺满白霜的早晨，或是在无雪无霜的凛冽的清晨，也要生起熊熊的炭火。手捧着暖和的火盆穿过走廊时，那闲逸的心情和这寒冷的冬晨多么和谐啊！只是到了中午，寒气渐退，

火盆里的火炭，大多变成了一堆白灰，这未免令人有点儿扫兴。

四季之美

21 天训练计划 20/21

【今日主题】视听笔记

这个暑假／寒假对于你来说该是丰富多彩的，在学习中收获知识，在玩耍中收获友谊，在比赛中不断得到提升……请观看任意一档节目、演讲或者电影，对节目、演讲或者电影的内容进行笔记整理，并且将笔记的内容用导图的形式呈现出来。

《夏洛特烦恼》

21 天训练计划 21/21

【今日主题】

1. 以"总结"为关键词，进行联想开花和联想接龙，各限时 3 分钟，记录总个数，并算出每分钟多少个。

2. 用思维导图对本次 21 天训练计划打卡做一个总结。主干上的关键词要有趣、易记，并且合乎逻辑。

后记 |

千里之行，始于足下

　　集训营的生活转瞬即逝，持续 21 天的打卡也接近尾声。可能有部分同学会觉得比较迷茫，在这以后我们应该怎么样去绘制思维导图呢？思维导图实战派汪志鹏曾说过："思维导图无他，唯手熟尔。"想要熟练地掌握思维导图绘制技术唯有不断地刻意进行练习。因此在 21 天打卡结束以后，新启航特推出"思维导图百图斩计划"。同学们可以自定义主题进行导图绘制，跟着明星讲师团的老师们进行"百图斩"打卡。

　　可参考的导图主题有：文章分析、诗词分析、归类练习、零散知识点归纳整理、写作构思、创意计划、旅行计划、视听笔记、学习计划、活动策划、学科知识整理（预习、复习）、企业规划、问题解决、快速阅读、心灵成长、头脑风暴，等等。同学们可结合自己实际的学习和生活去确定绘制主题。期待大家更多更好的作品。在自己能力范围内尽力去做，必有惊喜！

彩虹糖上的导图课

主　编／刘宽成　　　副主编／谢韵琪　王山虎　李　莎　余彬晶

主要参编人员／肖国剑　王　维　芳　芳　唐　唐

出 品 人／郭文礼　　选题策划／汪恒江　　责任编辑／赵　勤

助理编辑／崔润宇　　复　　审／贾江涛　　终　　审／古卫红

装帧设计／石媛元　　印装监制／郭　勇　　发行运营／赵　彤

新启航教育集团简介

新启航教育集团成立于 2011 年，是一家集脑力研究与开发、记忆方法指导、思维导图训练、学能提升于一体的综合性营地教育机构。

"少年智则国智。"新启航教育集团秉承"授人以鱼，不如授人以渔"的教学理念，重视每一个学员思维能力的提升及独立思考能力的养成。

"少年强则国强。"新启航教育集团秉承"改变一个孩子，幸福一个家庭，强盛一个国家"的企业使命，关注每一个学员的体验及感受。

新启航教育集团总部位于四川成都，在北京、广东、山西、陕西、山东、安徽、重庆、贵州、云南、新疆、西藏等地共设有 30 多家分部以及训练基地。

官　网：
www.nsemind.com
联系方式：
028-86656973
官方微信：
NSEMIND